江戶百花譜

日本最早彩色
植物圖鑑精選集

作者——田島一彥
譯者——陳芬芳
審訂——林哲緯

江戶的植物圖譜

中國現存最早的藥物學典籍《神農本草經》撰於2000年前的西漢末期。本草是中國傳統醫學裡跟藥物有關的學問，而本草學的定義在於探究人為了生存所需攝取的食物與維持身體健康之基礎知識。書名的「神農」二字即冠上了中國古代神話故事裡帝王兼農業與醫藥之神的神農氏之名。該書原著早已佚失，現存版本是南朝梁時本草學者陶弘景所復元、補輯加註而成。在日本留有於飛鳥時代左右引進此類醫藥書籍的紀錄。醫學著作也隨時代的演進不斷進化，明代醫藥學家李時珍於1596年完成集中國本草大成之《本草綱目》，也成為日本江戶時代到幕末的本草學基礎。以《益軒十訓》等著述聞名的朱子學者兼本草學者貝原益軒則參考《本草綱目》，在僅收錄中國本草的內容裡加入了日本特有和其他外國產的資訊，透過獨特觀點分類編纂成《大和本草》（1708年），推動研究自然物產學問的普及。爾後被視為《本草綱目》解說本之小野蘭山的《本草綱目啟蒙》於1803年付梓，列舉了和漢名稱[①]、方言之外，也佐以作者解說，形成豐富的內容。以圖畫為主體的新形態本草書此後也接續登場，改變了傳統以文字為主的模式。蘭山未能完成的圖文並茂構想，在門生岩崎灌園的手上得以實現。在1830年誕生的日本首部彩色植物圖鑑《本草圖譜》中除了加入更能表現植物真實姿態的圖畫外，也增添了色彩的運用。這部由96卷構成的巨著，耗時20多年，集結了以本草學者為首、從大名到園藝職人等各階層人士那裡取得的訊息，據以分析研究，始能完成劃時代的這部江戶時代彩色植物圖鑑。

和名的由來

花卉的名稱和語源充滿多樣性，有的根據花或葉的特徵取名，有的來自人們生活中的靈感，又或取用古代從中國傳來時的漢名發音再經過轉訛成了現代稱呼。不論何者，均展現了當時人們豐富的想像力。以「梅」的和名ume的由來為例，除了從成熟的果實「熟實（umumi）」的發音轉變而來，還有一種說法是源自「烏梅」的吳音② 「umei」，而別名「春告草」則是出於梅花在早春盛開的關係。和名的由來大致可分成以下幾種：（1）從花的姿態聯想到人或動物、道具等，如雞頭、菫、辛夷（日本辛夷）、鳶尾、敦盛草、杜鵑和撫子等。（2）根據性質、功效、構造比喻等特性命名，像是蒲公英、桐、梔子、睡蓮和龍膽。（3）根據地域、歷史和習慣等風土取名，有彼岸花、櫻和葛等。（4）取用漢名讀音，例如芍藥、牡丹、石榴、木犀和佛桑花。（5）從其他外語而來，包括櫻桃和南京胡瓜等。關於和名的由來，流傳著各種說法，研究人員也有自己的一套見解，另有部分植物語源尚未究明。本書雖然未能完整收錄所有名稱與說法，但以標準和名和圖譜中顯示的名稱、別名，以及這些名稱的由來為主，併同學名、傳到日本的時期、在哪些詩歌裡登場、藥理作用與民間用藥方式，還有花語等文化層面的介紹，讓讀者在賞閱江戶時代美麗的圖譜之餘，能進一步品味植物深層的一面。植物和花卉名稱就跟方言一樣有著千差萬別，然而這些出於地方特性與風土的名字，今後也將超越時代，持續流傳下去。

---

①和名指的是生物的日語名稱。漢名指為動植物等在中國的稱呼。本書主要以日語發音的羅馬拼音來標示和名，也配合內容取漢名或假借的漢字名稱做說明。

②古代從朝鮮傳到日本的漢字發音。

好評推薦

觀葉植物流行風潮下，這兩年出版的植物相關書籍也非常多，其中包含了一部份古代的植物繪圖。不過這些書呈現的多半都是西方的繪畫。《江戶百花譜》有別以往，蒐集日本江戶時代的工筆畫。畫中的植物，有不少我們熟悉的種類。搭配簡單易懂的文字，介紹與植物有關的歷史文化，讓我們得以了解十九世紀日本最初的彩色植物圖鑑的樣貌。

————胖胖樹 王瑞閔／植物生態與人文作家

端詳很長很久的植物

每回到日本東京，總會留一些時間給神保町，無盡藏的舊書古籍，被歲月沖刷掩埋的文字與圖像，匯集到了河口沖積扇沙洲，都在這裡重見了光。走馬看花都得花點時間了，遑論想要精挑細選，不知已重複造訪了多少次，還是永遠新鮮。

近二百家的古本店，儘管滿街滿屋滿牆的舊書，還是可以嗅出店家不同的術業專攻或店主人的嗜好品味，我也對號入座般地，找到了我最愛的一家店，所有的書都不離自然，自然主題的舊書量一家店塞不下，還不重複地分成了兩家。時下的書店，關於自然主題頂多一小區一小櫃，而在這裡竟結結實實填滿了兩個房子。

書本所能承載的不外乎文字與圖像，那是自古至今人們透過書本試圖傳達的心思意念的兩大工具，舊書價值價格有個潛規則，似乎圖像大於文字，圖像中繪畫又勝於攝影，這家舊書店主人便是獨鍾古藉裡的植物繪，完整全本植物繪古本要價不菲，即便散落的單頁，都當作難得一幅古畫。

植物繪是植物觀察或觀賞者密集心靈活動的顯影，關乎植物，也關乎繪者的生命景況，甚至關乎當代潮流與氛圍，《江戶百花譜》中的畫，不只是植物花卉的性狀描繪，在看裡有見，在觀裡有賞，在繪裡有畫。

翻開本書，光是「閱讀」是不夠的，更像是彼此生命經驗共振，書裡的植物對台灣而言並不陌生，因此消弭了第一層距離，甚至有著親切感，讓人好奇著隔著海洋隔著年代之下，同種植物花卉的異同都顯得有趣，如台灣珍稀的豔紅鹿子百合、讓人心意飛揚的蒲公英、家常的鳶尾、雞冠花、木芙蓉、魚腥草、油點草、牽牛花、箭形葉的野慈菇⋯⋯。

植物美的不只是花，美的也不只是畫，這裡有千百條路徑，是先認識了植物才看到畫；是先被畫吸引了才去找花；是台灣先還是日本先；是先現代或古典？⋯⋯我們一直都在裡裡外外、來來回回不斷穿梭中。

―――淦克萍／種籽設計總監

繁體字版之植物中英文名稱、內容及註解皆經過審訂者校對，有部分內容與原書不同。

Spring

鬱金香

Tulip

鬱金香
Utsukonko

牡丹百合
Botanyuri

起源於小亞細亞的百合科多年生草本。學名*Tulipa x gesneriana*，屬名*Tulipa*（鬱金香屬）源自土耳其語的tulbend（頭巾），因其花狀似土耳其人的頭巾[1]。由16世紀中期神聖羅馬帝國的使者布斯貝克（Ogier Ghiselin de Busbecq）代表國家到土耳其[2]，與之進行和平交涉後將球莖與種子帶回國，傳到歐洲。17世紀歐洲掀起一股鬱金香狂熱，形成所謂的鬱金香泡沫經濟[3]，當時的栽培技術也引領荷蘭成為現今花卉大國。「鬱金香」在幕末過渡到明治之時傳來日本，花香如鬱金[4]而得此稱呼。花語除了「博愛」和「關懷」，也根據花的顏色有著不同的表意，紅是「愛的告白」、黃是「絕望的愛」、綠是「美麗的眼眸」、紫為「不滅的愛」。

[1]也有說法是起因於鄂圖曼帝國時期，人們在頭巾上戴鬱金香的風氣。

[2]當時的鄂圖曼土耳其帝國。

[3]此為人類史上記載最早的投機活動。

[4]薑科薑黃屬，多年生草本。地下莖可入藥，可為黃色染料。

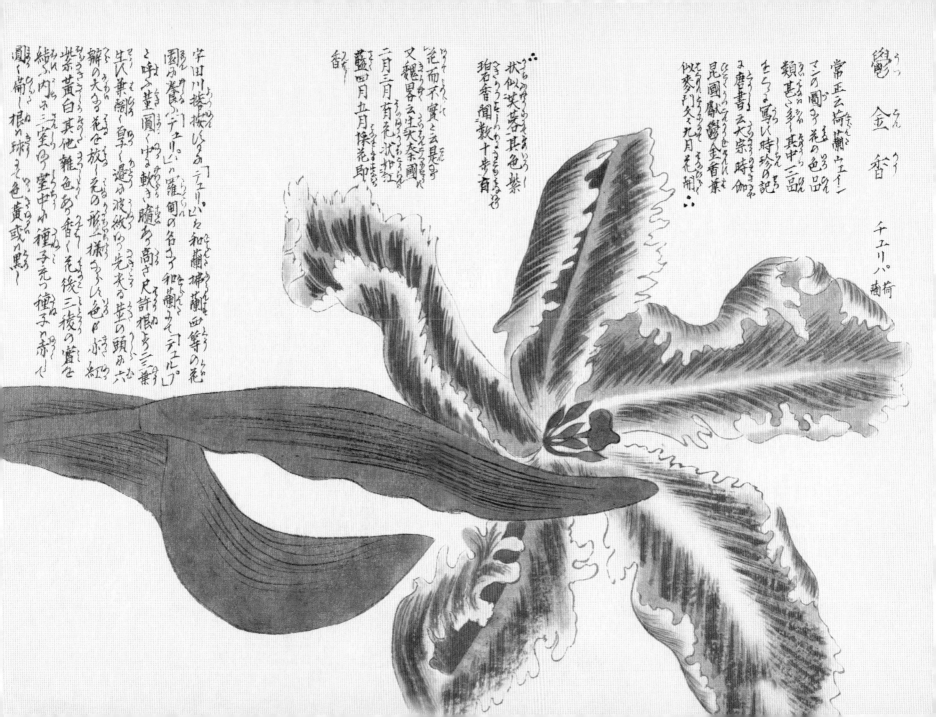

鬱　金　香

チュリパ　蘭荷

常ニ正云荷蘭ニエイ
ンマンの圖あり花の色品
類甚多く其中一品
をうつす寫し時珍の記
み唐書云大宗時伽
昆國獻鬱金香葉
似麥門冬九月花開く

状似芙蓉其色紫
珀石香聞數十歩育

花而不實と云是より
又魏畧云生天奈國
二月三月有花状如紅
藍四月五月採花即
香

宇田川榜按じたる「テユリ」は
和蘭拂蘭西等の花
園に養ふ「テユリ」の花
園の名なり和蘭にて「テユルプ」
と呼ふ莖圓く中に軟き
隨あり髓より莖根より三葉
生じ葉濶く色あり花後三後の六
辮の大なる花を放し花の形一様ならん色日小紅
紫黄白其他雜色あり花を
結ぶ内不實あり莖中に種子あり赤し
圓し當し根の球え色黄或黙し

豬牙花

Asian fawn lily

片栗

Katakuri

堅香子・片籠

Katakago

片子百合

Katakoyuri

分布在日本和東亞的百合科多年生草本。學名*Erythronium japonicum*，屬名*Erythronium*（豬牙花屬）在希臘語是「紅」的意思[①]。關於和名katakuri的由來，最有力的說法是其在開花前僅為一片葉子（kataha，片葉），而且葉面的紋路類似小鹿（kanoko）身上的斑點，起初稱為katahakanogo（片葉鹿子），後轉成katakago（假借漢字寫成「堅香子」），最後成了現在katakuri（片栗）的稱呼。這種植物從種子到長出葉子需要4～5年的時間，到開花則要等上7～8年。將根莖碾磨粉碎，加水用布過濾乾燥之後可得「片栗粉」[②]，除了用以補充營養，當成胃腸藥，亦可治療濕疹。《萬葉集》裡大伴家持所作題詞「攀折堅香子草花」[③]的和歌即詠嘆少女們和一旁堅香子花開可愛的模樣。從花開低垂（朝下綻放）的姿態引伸出「初戀」和「忍受孤獨」的意思。

---

①因為該屬的模式種*E. dens-canis*花色為紅色，故名之。

②可做為烹調時芶芡用的黏稠劑。現在原材料多以馬鈴薯澱粉來取代。

③文「もののふの　八十少女らが　汲みまがふ　寺井の上の　堅香子の花」，大意是「開在寺井上的堅香子花就跟朝廷官員官邸裡眾多前來汲水的少女般可愛」。

一種　りさくもに部脯

武川大其谷野州日光山等ふわ南部龍名蔵なり正月一葉とせひその二葉與するの花あり六辨深紫色百合花み似て細し日光産八花深紫色根白色指状の如く更て菜となり軟て粉とる此蔵器の流ニ難候車前とふれすり

梅

Japanese apricot

梅
Ume

匂草
Niogusa①

春告草
Harutsugegusa

風待草
Kazemachigusa

中國原產之薔薇科落葉小喬木或喬木。學名 *Prunus mume*。早在奈良時代之前便從中國傳進日本。現代人賞櫻，但萬葉時代②的古人賞的是梅。關於和名ume的由來，存在諸多說法。一是出自成熟果實「熟實（umumi）」的轉音，另有取自中國對煙燻的青梅，即「烏梅」的吳音讀法「umei」等。孕婦喜食性味酸澀的梅子，因此梅樹在日本又被稱做「母親之樹」。梅子可入藥，用於整腸、解熱。傳說平安時代中期被流放到太宰府（現福岡縣西部）的菅原道真不忍與自家庭院裡的梅樹別離，作詩詠梅③，結果梅樹竟在一夜之間飛到主人的去處，此後祭祀道真的天滿宮便有種植梅樹的傳統。而這則傳說也賦與梅花「忠實」、「典雅」和「高潔」的意思。

---

①匂草的「匂」字為日語漢字，是氣味的意思。

②大約是西元629年到759年的130年間。

③文「東風吹かば にほひおこせよ 梅の花 主なしとて 春を忘るな」，大意是「東風拂來之時仍要盛開，梅呀，縱使主人不在，也不要忘了春的到來」。

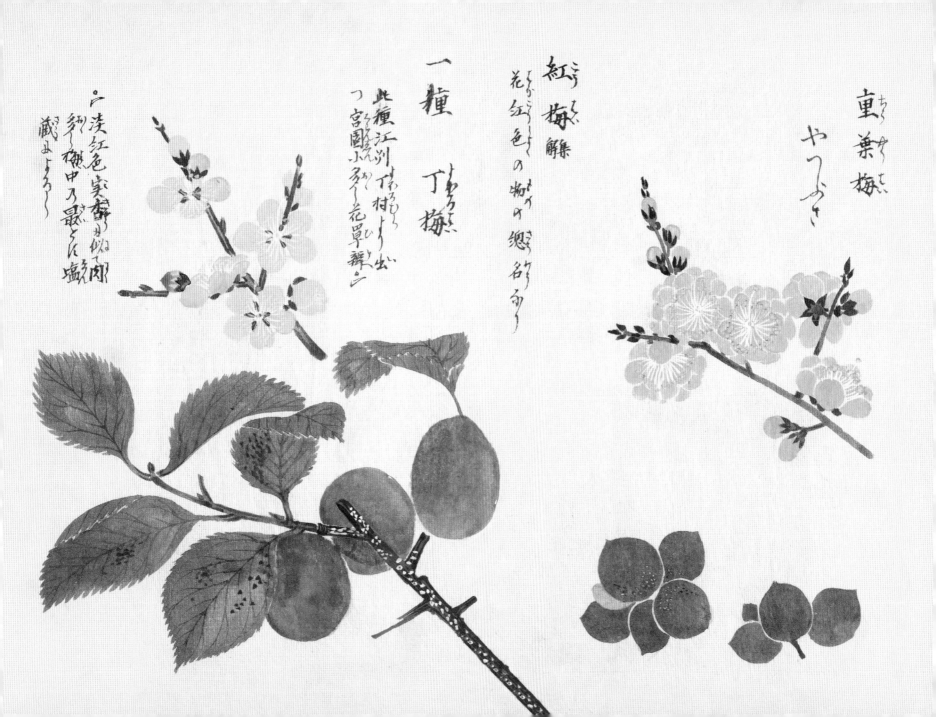

重葉梅
やつふさ

紅梅解
花紅色の物々總名の
或る紅色の物々總名の

一種 丁梅

此種江州伊村より出
つ宮圍小多く花草舞に

一淡紅色實杏より似て肉
紅く橄中ら最とに塩
藏まよろ〜

垂絲海棠

Hall crabapple

海棠

Kaido

花海棠

Hanakaido

垂糸海棠

Suishikaido

眠花

Nemuribana

原產於中國，薔薇科落葉灌木或小喬木。學名*Malus halliana*，屬名*Malus*（蘋果屬）是希臘語「蘋果」的意思。海棠種類繁多，15世紀末傳到日本的是西府海棠（*M. × micromalus*），垂絲海棠則是在18世紀傳來。現在「海棠」一般指垂絲海棠。「棠」字有梨的意思，「海棠」帶有「渡海而來的梨」之意。海棠自古便是為人所愛的東方名花，唐玄宗曾用「豈妃子醉 真海棠睡未足耳」來形容楊貴妃醉後的豔姿。於此，海棠在日本別名「眠花」，用以形容美人之外，也以「如飽受風雨摧折的海棠」（海棠の雨に濡れたる風情）之諺語來描寫美人惆悵的模樣。花語是「美人的睡姿」、「溫和」。

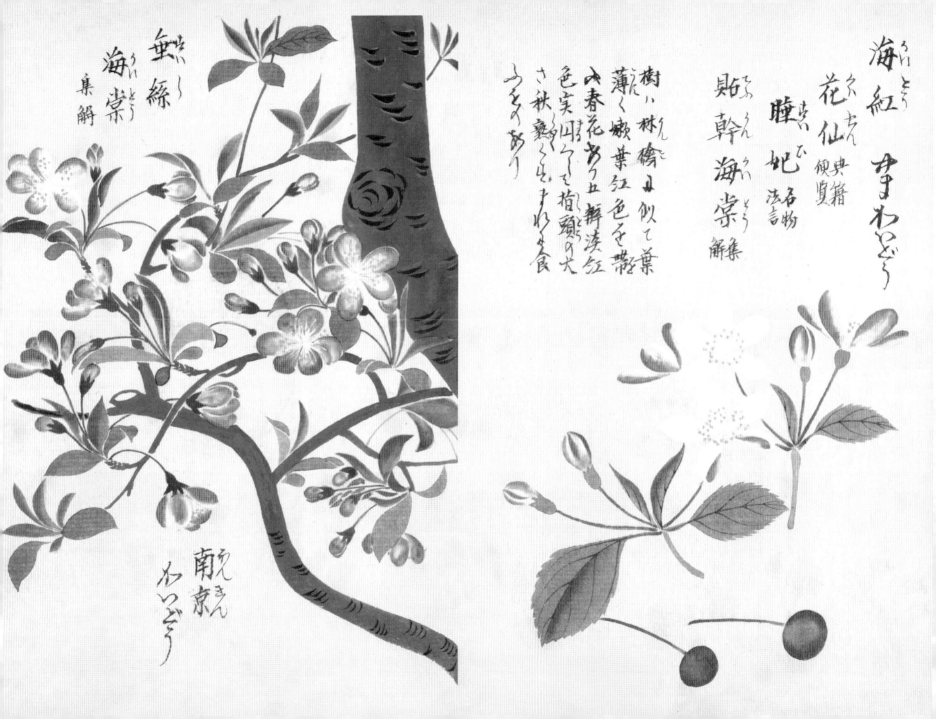

海紅　すわうどり

花仙　典籍
<ruby>睡妃<rt>すいひ</rt></ruby>　法言名物
<ruby>貼幹海棠<rt>こうかんかいどう</rt></ruby>　群解集

ふと其あり

樹ハ林檎に似て葉
薄く嫩葉紅色を帯
ふ春花多り出辨深紅
色く実開て狗頭の犬
さ秋熟をいまけ食

蚨線　無
海棠　集解

えきん
南京　かつどう

紫藤（とう）

一名 招豆藤（ちゃうづとう）開寶 本草

まつみぐさ 藏玉集 むらさき 藻塩草

ふぢ いとふぢ ねぢふぢ 共小 長門

野ふどハ山野自生多く藤蔓樹
の如く柔ニ撫恵子ろしく茎長
く圓茎互生ニ四月枝梢小穂をふ
以下垂ち大さ三四尺花ハ蘂豆
まめ小似て紫色後角を結ふ熟
豆をろから小似て長ー

日本紫藤

Japanese wisteria

藤
Fuji

野田藤
Nodafuji

紫藤
Murasakifuji · Shito

原產於日本和中國，豆科落葉木質藤本。學名*Wisteria floribunda*。日本固有種有兩種，各是莖為右旋性的野田藤，和左旋性的山藤（*W. brachybotrys*）。和名fuji是從意指飄帶的fukichiri（吹散）簡略而來。漢名的「藤」與「紫藤」指的雖是中國原產的中國紫藤（*W. sinensis*），但在日本已經普遍採用「藤」字來表示。在日本，以藤花為題材的文學作品不勝枚舉，《萬葉集》裡包括大伴四綱所作「藤浪之 花者盛爾 成來 平城京乎 御念八君」[①] 在內，共有27首和歌詠及藤花，又《源氏物語》裡登場的女性也有以「藤壺」為名者。日本古來把松比喻為男性、藤為女性，習於在松樹旁種植紫藤，表徵男女結合。藤花帶有東方印象，被賦與接納外國人之意，具有「歡迎（對方）」的意思。

---

①文「藤浪の 花は盛りに 成りにけり 平城の京を 思ほすや君」，大意是「又到藤花開的時候了，可讓你念起了平城京？」。

牡丹

Tree peony

牡丹
Botan

深見草
Fukamigusa

二十日草
Hatsukagusa

原產於中國西北部的毛茛科落葉灌木。學名*Paeonia × suffruticosa*。奈良之所以有如此多觀賞牡丹名勝的寺院神社，據說是空海在奈良時代從中國帶回種植的關係，當初以栽種藥草為目的，爾後華麗的花朵也成了觀賞的對象。和名botan取自漢名「牡丹」的讀音。古名fukamigusa取意從渤海國（fukami）[1]來的草木，假借漢字寫成「深見草」。至於「牡丹」兩字的由來，由於其後代不一定會和母株開出同樣色彩的花[2]，因此用「牡」字借指無法獨自生子的雄性、「丹」代表紅色，取在不同花色中以紅為最高等級之意。根皮可入藥，是為「牡丹皮」，可消炎、鎮痛，亦能用來治療婦人病等。在中國，牡丹花因富麗高貴的容姿被譽為「花王」或「花神」，花語也同樣有「王者風範」和「高貴」的意思。

---

[1] 渤海國是唐武后稱帝時，靺鞨族粟末部長大祚榮所建。其盛時占有松花江以南至日本海之地，五代後唐時為契丹所滅，改稱為「東丹」。

[2] 《本草綱目》中也提到，「牡丹，以色丹者為上，雖結子而根上生苗，故謂之牡丹。」因繁殖方式很多，若以實生有性繁殖，後代就會和母株有所差異，故說不一定會和母株開出同樣色彩的花。

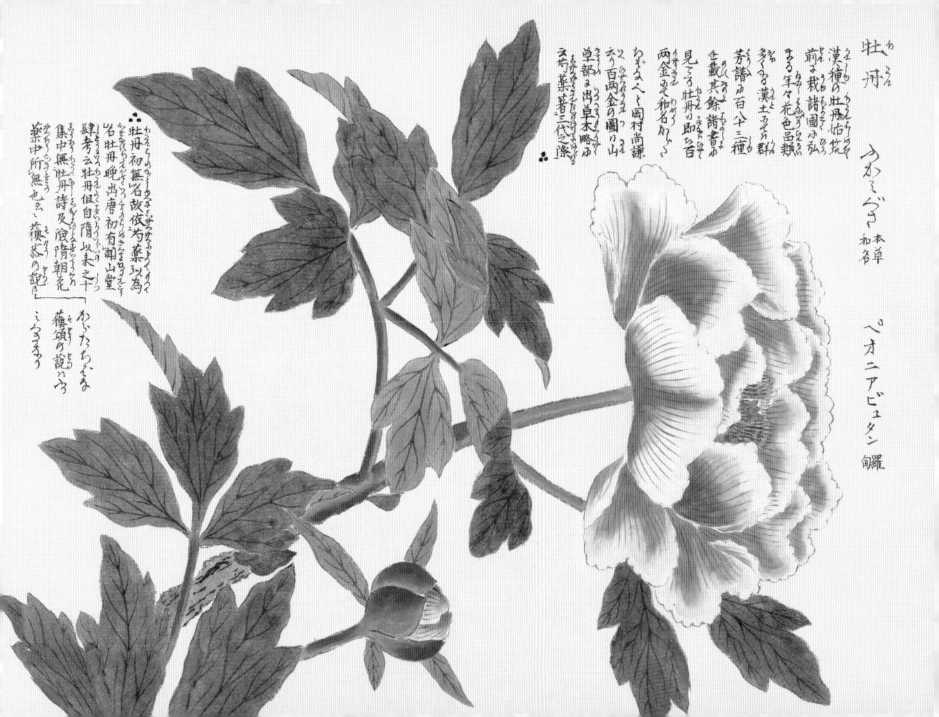

牡丹 かほよぐさ 本草 和名　ペオニアビュタン 蕾

薔薇

Rose

薔薇

Shobi・Sobi・Bara

玫瑰

Maikai

月季花

Gekkika

北半球原產之薔薇科半常綠或落葉灌木。屬名*Rosa*（薔薇屬）源自凱爾特語[①]的rhodd（紅色）和希臘語的rhodon（玫瑰）。薔薇的栽種記錄可溯及到四大古文明的時代，歷史久遠。在神話世界裡亦可見其踪跡，是伴隨愛與美的女神愛芙羅黛蒂誕生時盛開的花朵。在平安時代從中國傳到日本，當時稱呼為sobi。美麗的薔薇花總是令人著迷，自古便是珍貴的藥材，亦可當香料使用。有句英文片語叫under the rose，是「私下（＝祕密地）」的意思，出自羅馬帝國晚期在吊了玫瑰花的宴會下，所有談話內容均對外保密的習俗。玫瑰象徵愛與人生的神祕，花語涵蓋了「愛情」、「熱情」、「嫉妒」和「美」等多種意思，但絕大多數不離戀愛和愛情。

---

①早期植物學名的語源大都是來自拉丁文或希臘文，而通常若不是複合詞的屬名，其語源不會同時有兩個來源，惟此處提到出自凱爾特語之說法亦可見於Benjamin Maund所著之《The Botanic Garden》中。

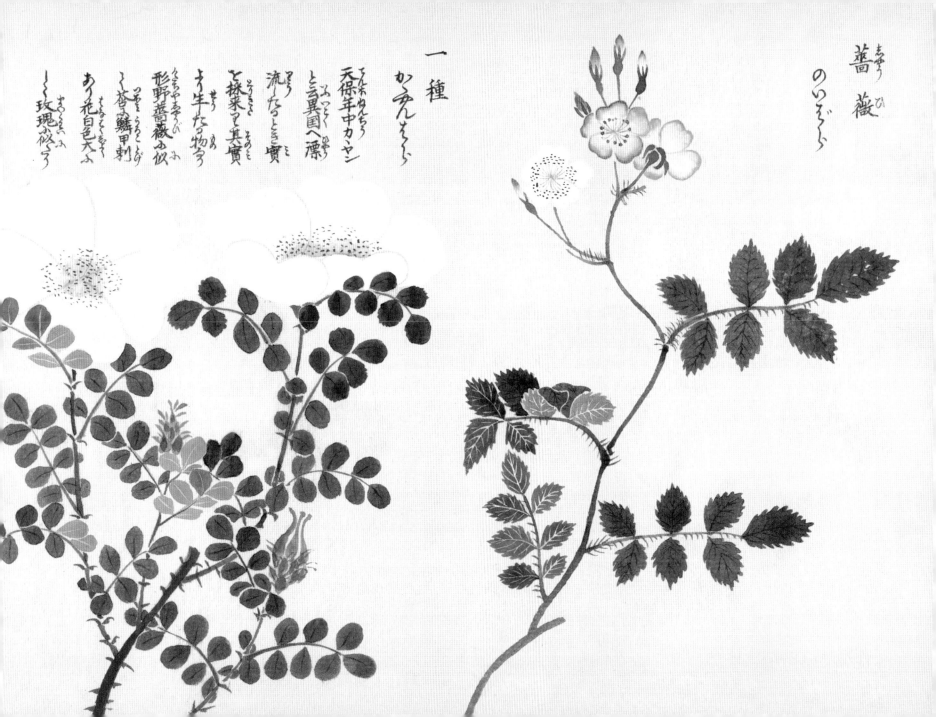

薔薇
のいぞくら

一種
かまんそう

天保年中カヤン
と云異国へ漂
流なりとき實
と採来て其實
より生たつ物う
形野薔薇ふ似
て莟に鱗甲刺
あり花白色大ふ
して玫瑰ふ似ふう

鳶尾

Wall iris

一初·鳶尾草

Ichihatsu

鳶尾

Enbi

原產於中國，鳶尾科多年生宿根草本。學名*Iris tectorum*。根據平安時代留下的文獻記錄，於當時從中國傳到日本。初夏開美麗的淡紫色或白色花，是日本的鳶尾屬植物裡最早開花的，所以叫做「一初」。別名「鳶尾草」則是因花柱裂片形如鷹（鳶）尾。漢名「鳶尾」。過去為了補強茅草屋頂和防止漏雨，會在屋頂種植鳶尾，並相信這麼做可以庇佑家居平安，免於風災和火災。無獨有偶，在西洋也有類似的習俗，法國詩人里米·德·古爾蒙（Remy de Gourmont）即留下了「四月家家戶戶在屋頂種植鳶尾，在我們明亮的庭院裡也不例外」的詩句。據說法國皇家徽章也曾以鳶尾為標誌。花語是「提防火災」、「智慧」。

鳶尾

さゆひくき
いちはつ 鈔 和名
ひとつくさ 別

一名
紫蝴蝶
芥子園畫傳

一種
白花ノ物

木曾ノ馬篭ゟ人家ニ栽ゆ藥ニ
蝴蝶花緑ニ似て三四月董ヶ袖ニせ尺
餘ホラ花在部ニ形燕子花ゟ小似て

闇ゟうれアひりて紫
碧色三瓣ハ小ニて
上ニ向ひ三瓣ハ大ニ
して下ニ向ふ心ニ黄
色のところ根ニ指の
大さ形燕子花ニ似う

蒲公英

Dandelion

蒲公英

Tanpopo

鼓草

Tsudumigusa

布知奈

Fudina

多奈

Tana

主要分布在歐亞大陸的菊科多年生草本。學名 *Taraxacum platycarpum*[1]，屬名 *Taraxacum*（蒲公英屬）來自阿拉伯語 tharakhchakon「苦菜」的意思。平安時代的《本草和名》裡標記為 fujina（布知奈）和 tana（多奈）等和名，到了江戶時代才出現「蒲公英」的寫法。把花莖的兩側外翻之後，看起來就像日本傳統樂器的小鼓（tsudumi），因此又叫 tzuzumigusa（鼓草）。還有一種說法是，tanpopo 的名稱實則取自拍打小鼓的聲音——TAN、PON PON。英文名 dandelion 出於鋸齒狀的葉緣長得像獅子的牙齒。嫩葉可入藥，能解熱，也能當健胃藥使用，在歐洲從古希臘時代起也被視為是萬能藥之一。花語跟瘦果頂端著生的白色冠毛有關，冠毛古時會被用來當作戀愛占卜的工具而有「愛的神諭」之意，又從瘦果飛散的模樣引伸出「別離」的意思。

①日本產的蒲公英有許多種類，右圖中就包含了學名為 *Taraxacum albidum* 的朝鮮蒲公英與學名為 *Taraxacum platycarpum* 的韓國蒲公英。

一種
紅花の物

つゝき
たんほ

一種
花大なる
もの

蒲公英

春蘭

The noble orchid

春蘭
Shunran

黑子
Hokuro

爺爺婆婆
Jijibaba

原產於日本、中國和朝鮮半島，蘭科多年生草本。學名*Cymbidium goeringii*，屬名*Cymbidium*（蕙蘭屬）由cymbe（舟）和eidso（形狀）構成，表本屬中某些物種的舟形唇瓣。和名shunran取自漢名「春蘭」的讀音。「春蘭」一說是取自本種花期先於其他蘭花，在早春即綻放。由於唇瓣帶有斑點，又名hokuro（黑子）。別名bosan則是因為含苞待放的花蕾看起來像僧侶的光頭[1]。蘭的英文名叫orchid，源自希臘語的orchis（睪丸[2]）。古時的和名也有幾個跟性有關的稱呼，其中之一叫jijibaba（爺爺婆婆），是把中心的蕊柱想成男性，唇瓣為女性。以鹽巴醃漬後的春蘭花可用來泡茶，根可做成治療皮膚皸裂的外用藥。花語為「樸實的心」。

---

①僧侶又叫「坊主」（bouzu），「坊主頭」是光頭的意思。

②因為歐洲地區分布的紅門蘭屬（*Orchis*），其地下成對的卵狀塊莖形似睪丸。

春蘭　正誤

おくさ

處々山中にあり葉は麥門冬に少似て硬く春花を開く
一莖一花形建蘭の如く根ふとく灰白色あり羅願黄
庭堅謂一幹一花爲蘭者指此也

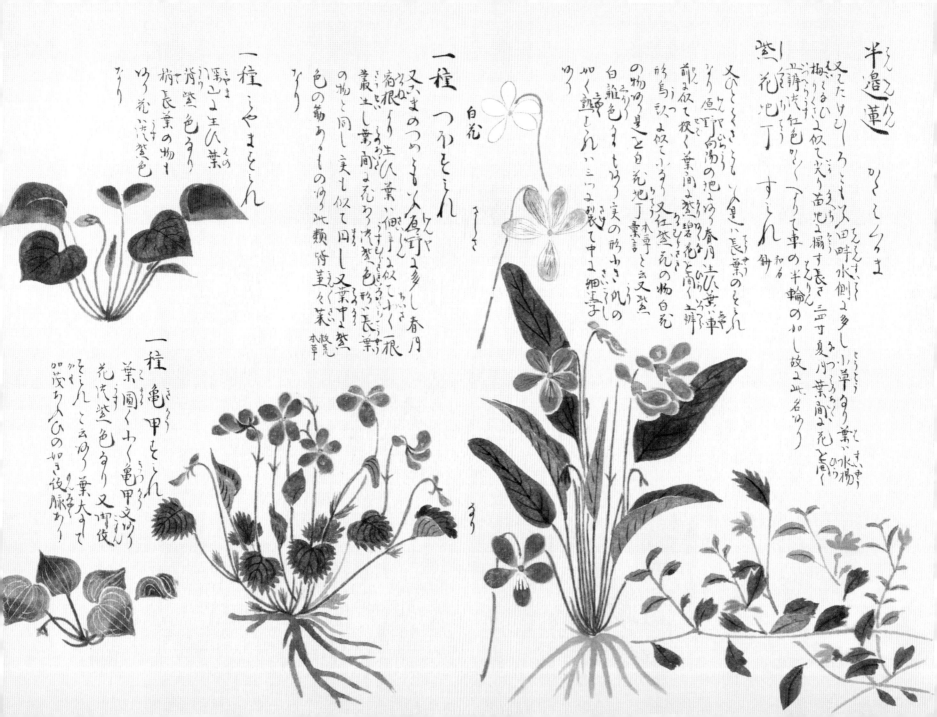

半邊蓮 りきそんりくま

紫花地丁 すみれ

白花 すゝき

一種 つほすみれ

一種 やますみれ

一種 亀甲すみれ

紫花地丁

Manchurian violet

董

Sumire

紫花地丁

Shikajicho

二葉草

Futabagusa

一夜草

Hitoyagusa

原產於東亞，董菜科多年生草本。學名*Viola mandshurica*，屬名*Viola*（董菜屬）源自拉丁古名viola，即英語violet（董菜）的語源[1]。和名sumire據說是因為花長得像木匠的墨壺[2]，從墨壺的發音sumiire轉變而來。紫花地丁自古與人們的生活息息相關，除了可見於《萬葉集》的「山部宿禰赤人歌四首」[3]（山部赤人）之外，同屬的香董菜（*Viola odorata*）也是眾所皆知的拿破崙的愛花。拿破崙曾誓言「會在春天時帶著香董菜」回到妻子約瑟芬的身邊。據說在拿破崙死後，從他的項鏈盒裡發現了妻子的遺髮和此花。紫花地丁還可做為民間藥材，根部煎水可治口腔炎，與其他藥材一起搗爛熱敷患處則能有效治療關節炎等。嬌憐的花朵象徵誠實與純真，表「誠實的愛」、「貞潔」和「信賴」。

---

①雖然常被譯為紫羅蘭，但中文的「紫羅蘭」是指十字花科的*Matthiola incana*。

②木工取直的工具，繩墨。

③文「春の野に すみれ摘みにと 来し我れぞ 野をなつかしみ 一夜寝にける」，此為山部宿禰赤人歌四首的第一首目。大意是「來到春天的原野採集董菜的我，因不忍離去而在此度過一晚」。

桃

Peach

桃

Momo

毛桃

Kemomo

花桃

Hanamomo

原產於中國北部的薔薇科落葉灌木或小喬木。學名 *Prunus persica*，種小名意為「來自波斯」，肇因於本種經波斯傳到歐洲時，被誤認為是波斯原生種的關係。於繩文到彌生時代傳進日本。關於和名momo由來的說法不只一種，包括果皮長毛所以叫momo（毛毛），以及果實顏色看起來像著火的moemi（燃實）等。桃樹自古被視為是女性的性象徵，在民間信仰裡桃木還具有降妖除魔的力量，能驅退妖魔鬼怪。在中國，桃樹也是長生不老和繁榮的象徵。在日本，3月3日的女兒節又稱「桃花節」，有女兒的人家會裝飾桃花，慶賀女兒平安成長。成熟的種子可入藥，是為「桃仁」，其消炎鎮痛等藥理作用可對婦人病症狀起到作用。花語是「愛情的俘虜」。

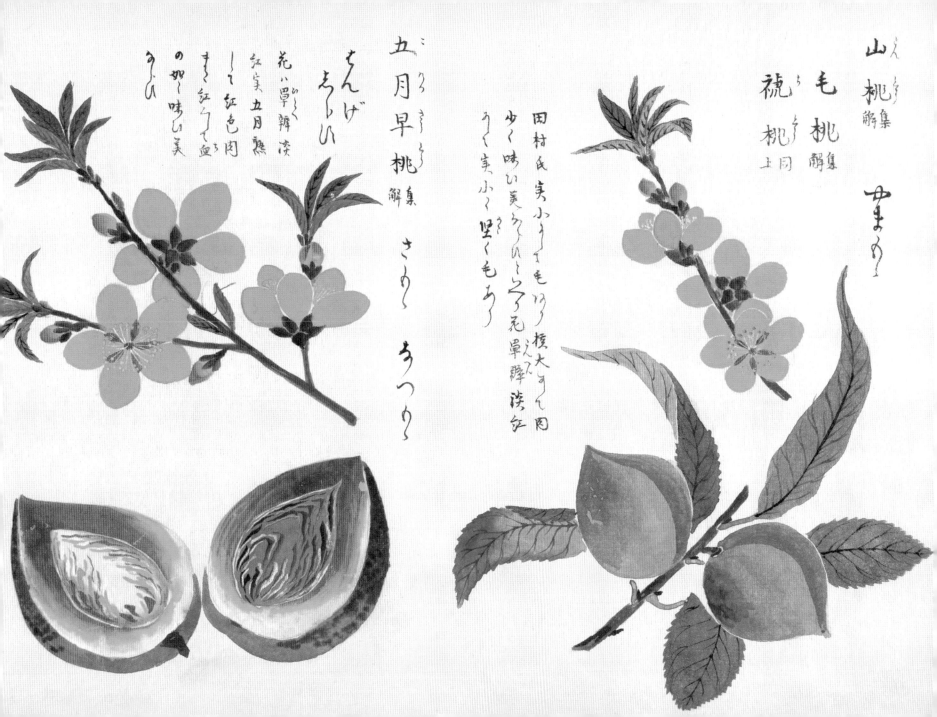

山桃 解集
毛桃 解集
祝桃 上同
まめ

田村氏実小さくて毛ありて横大すくて肉
少く味い美らしくえて花草瓣淡紅
うく実小く堅くもう

五月早桃 解集 さり
んげ ちらい
つり

花ハ草瓣淡
紅実ハ五月熟
して紅色肉
まき紅うて血
の如く味い美
まい

辛夷

Purple magnolia

木蘭

Mokuren・Mokuran

木蓮華

Mokurenge

紫木蓮

Shimokuren

原產於中國西南部的木蘭科落葉喬木。學名*Magnolia liliiflora*，屬名*Magnolia*（木蘭屬）取自法國植物學者邁格諾（Pierre Magnol）之姓，種小名*liliiflora*是「長得像百合花」的意思，在歐美慣稱Magnolia。由於在距今超過一億年前的地層中，挖掘出的花朵化石型態構造近似木蘭，推測本科為已知最早的開花植物。辛夷臨到花期群起綻放的壯麗風姿風靡古今，在日本成了庭園栽種觀賞植物。花開似蘭（ran），古稱「木蘭」（mokuran），現今讀音改為mokuren是因為後人見其花更似蓮（ren）。花語有「高潔之心」、「崇高」和「崇尚自然」等含意，也許是出自大大的花朵豎立綻放的模樣。

日本辛夷

Kobushi magnolia

辛夷
Kobushi

山蘭
Yamaararagi

古不之波之加美
Kobushihajikami

原產於日本和朝鮮半島南部，木蘭科落葉喬木。學名*Magnolia kobus*。由於花苞看起來像孩童緊握的拳頭（kobushi），在日本叫kobushi，漢字寫做「辛夷」，但這其實是誤用，因為中文的辛夷指的是「木蘭」（mokuren，參見P.38）。日本辛夷有許多稱呼，除了kobushi，還有yamaararagi（山蘭）和kobushihajikami（古不之波之加美）等古名。kobushihajikami的名稱是出於咬碎果實後味道跟古名為hajikami[1]的「山椒」（日本花椒）一樣辛辣的關係。又花期正值春天翻土播種之時，跟櫻花一樣，而有「田打櫻」和「種蒔櫻」等別名，並與春神產生聯想。乾燥後的花蕾可入藥，是為「辛夷」，能治頭痛、鼻炎、鼻竇炎和花粉症。純淨的白花令人聯想到堅定的友誼，象徵「友愛」和「友情」。

---

[1] 「はじかみ」（hajikami）是古代對辛辣物的總稱，現代則指薑，山椒在現代稱「さんしょう」。

毛櫻桃

Nanking cherry

梅桃・櫻桃・山櫻桃・英桃

Yusuraume

原產於中國西北部的薔薇科落葉灌木。學名*Prunus tomentosa*，屬名*Prunus*（李屬）是拉丁語的「李」，種小名*tomentosa*是「密生絨毛」的意思，表示其枝葉上密生的細毛。開白色或略帶粉色的小花，花謝後結紅色果實。和名yusuraume有一說是從枝葉易隨風搖曳，又或搖晃其枝幹以使果實掉落的「搖動之梅（yusuru ume）」轉變而來。但也有另一種說法是源自朝鮮語的「移徒樂」（isura）。毛櫻桃在江戶時代初期傳到日本，當時漢字寫成「櫻桃」，到了明治時代「櫻桃」跟現代一般認知的同名水果劃上等號，因此又假借「朱櫻」來表記。果實除了可以生吃、釀酒，也能入藥，名為「毛櫻桃」（中藥名為「山櫻桃」），能滋養身體和消除疲勞。能滋養身體和消除疲勞。種子則具有通便、利尿和消除浮腫的功效。花語是「鄉愁」與「光輝」。

櫻
桃

やまつばき
山中自生の品すべ
て樹高さ三丈許
リ四時葉凋まず葉
の形柯の葉ふ似て
圓く厚く周り小鋸歯あり冬月枝の
先とふ苞を生し花を開く五辧或ハ六辧ふして深紅なり花
散るときハ辧散せにして落る實ハ指頭の大さふして中小三四
子あり

蹦躅茶解集

日本山茶

Japanese camellia

椿・海石榴
Tsubaki

山茶
Shancha

原產於日本、中國和東南亞，山茶科常綠喬木或灌木。學名*Camellia japonica*。日本原產的山茶傳到歐洲後大為流行，也在法國作家小仲馬膾炙人口的《茶花女》裡登場。關於和名tsubaki的語源，有從葉子很厚的atsubaki（厚葉木），也有從油亮的葉子tsuyabaki（豔葉木）轉變而來等說法。山茶是代表春天的花木，日本因而自創「椿」字來表之。遠自萬葉時代便為人喜愛，從種子榨出的茶油也被拿來當作食用油、燈油和藥材使用。在中國山茶油被視為長生不老之藥。隨室町時代以後茶會的流行，山茶花也成為茶席中用來裝飾的茶花之一，到了江戶時代更廣受民間喜愛。花語因顏色而有所不同，紅為「謙虛的美德」、白色為「可愛至極」。

酢漿草

Creeping woodsorrel

酢漿草・傍食

Katabami

酸物草

Suimonogusa

雀之袴

Suzumenohakama

廣泛歸化於世界各大陸，原生地已難追溯的酢漿草科多年生草本。學名*Oxalis corniculata*，屬名*Oxalis*（酢醬草屬）源自希臘語oxys「酸」的意思。因葉子看起來像少了半邊，和名叫katabami（傍食），又莖葉咀嚼後有酸味，別名suimonogusa（酸物草）等。在日本初以觀賞用途於江戶時代傳進日本。開黃花5瓣，花葉和果實交織成的美麗曲線也被應用在家紋設計。西洋自古認為酢醬草可防止毒蛇等有毒生物的侵襲，繫於劍上也能守護即將出征的戰士們免於突發的災難。在西班牙、法國和義大利等地，酢漿草的花期正好在復活節前後，因此又名Alleluia[1]（哈利路亞），花語也有「喜悅」和「心靈的光芒」之意。

①同hallelujah，是基督徒讚美上帝的頌詞，意指「榮耀歸於上帝」。

酢漿草　さくき

すくき江戸

からくさ

すゞめのさかり
後越

一種
大葉の物

一種

やまかたばみ
ゑいさんかたばみ

人家庭隙小多く生ひ宿根
より出つ一莖三葉夏月五瓣
の小き黄花を開く後長き
角を結ぶ此小觸れゝ角裂
てゞ散乱す

諸國の深山陰地小生に
形状本儚小異なる后葉
大ちく花淡紅色根ハ山
蕎葉ゝ小似て細く又一
種白花のもの

紫荊

紫荊

Chinese redbud

花蘇芳
Hanazuo

蘇芳花
Soubana

蘇芳木
Suogi

紫荊
Shikei

中國原產的豆科落葉喬木或大灌木。學名*Cercis chinensis*，屬名*Cercis*[1]（紫荊屬）出自莢果似刀鞘的形狀，以春季盛開成簇的紫紅色花而聞名。在江戶時代初期從中國傳到日本，和名hanazuo（花蘇芳）取自花的顏色近似別名蘇芳的蘇木心材浸泡成的紅色染料，一開始稱soubana（蘇芳花），後來變成現在的稱呼。漢名「紫荊」，又因花開滿簇而別名「滿條紅」。在日本只栽種來觀賞，在中國則取其樹皮、根皮、葉子和花果入藥。花語為「喜悅」和「覺醒」，另有「背叛」、「疑惑」和「懷疑」的意思，可能是出自於背叛耶穌的猶大在南歐紫荊[2]樹下自縊的傳說。

[1]源自希臘語kerkis「織機的梭子」。

[2]學名*Cercis siliquastrum*，英文名Judas tree（猶大樹）。

日本喜普鞋蘭

Japanese cypripedium

熊谷草
Kumagaiso

布袋草
Hoteiso

喇叭草
Rappagusa

獨腳仙
Tokukyakusen

原產於日本和中國的蘭科多年生草本。學名*Cypripedium japonicum*，屬名*Cypripedium*（喜普鞋蘭屬）源自希臘愛與美的女神愛芙羅黛蒂的別名Kypris與Pedilon（拖鞋），表其鞋型唇瓣。特色在於大如扇形的葉片和豐潤的花形。「熊谷草」的名字出於源氏武將熊谷直實，因其圓唇瓣囊袋狀的花朵看起來就像熊谷直實為防流箭射擊所背負的布幔護具[1]。另一種經常被拿來相提並論的日本特有種植物「敦盛草」（參見P.52）則是出於直實在一之谷戰役中單挑的對象平敦盛之名[2]。在這場戰役裡直實雖然打敗了平敦盛，見到對方竟是和自己兒子差不多年紀的青少年時，內心為之衝擊，戰後便出家以弔平敦盛之靈。從花的名字也能窺見這樣的歷史呢。喜普鞋蘭的花語為「虛有其表」、「反覆無常的美人」。

---

[1] 日語叫「母衣」。

[2] 在一之谷戰役（1184年）裡平氏一族多遭討伐，尤以平敦盛被熊谷直實追殺的場景出名，畫作之中多可見兩人背著母衣，騎在馬上的風姿。日本喜普鞋蘭與大花喜普鞋蘭因花形和花季相近，而借熊谷和敦盛之名命名，似有暗喻兩者競爭的關係。

獨脚仙
あういちう 江
くまがえさう

處々深山の陰地皆あり
武刕道灌山及ひ早稲
田ノ竹林中ニ生ひ春ノ
宿根より生す莖高さ五
六寸ほと二葉對生し隔く

傘をひろけたるかことく葉の中
心より莖を抽て上ニ四葉
ありて花をつ其花の形
袋の如く一方かロヲ白
色ニして一方ハロヨリ黄色
色而紅紫色及ひ黄色
花ハ袋の根ハ竹根の如く
節毎ニ細き鬚あり

大花喜普鞋蘭

The large flowered cypripedium

敦盛草
Atsumoriso

延命小袋
Enmeikobukuro

俄羅斯及東亞各國原產的蘭科多年生草本。學名$Cypripedium$ $macranthum$[1]，種小名$macranthum$是「大花的」意思，表其花朵相對碩大。植株高30至40公分，生長在特定的高山草原。葉呈橢圓形，莖頂著生一朵5公分大的花，花形近似日本喜普鞋蘭（參見P.50）一樣為圓唇瓣囊袋狀，但色彩更濃豔，除了紫紅、淡紅，也有白色。此外，大花喜普鞋蘭喜好日照充足的地方，日本喜普鞋蘭則偏好可射入些許光線的日蔭處。和名「敦盛草」取自武將平敦盛之名，因花朵的形狀看起來就像平敦盛為防流箭射擊所背負的布幔護具。花語除了「不會忘記你」也有「個性反覆無常」的意思。

---

[1]過去台灣的喜普鞋蘭亦被認為是$Cypripedium$ $macranthum$，由於分布地之一在奇萊山，稱為奇萊喜普鞋蘭，但2019年後台灣的種類已被重新命名為$Cypripedium$ $taiwanalpinum$，中名則沿用奇萊喜普鞋蘭。

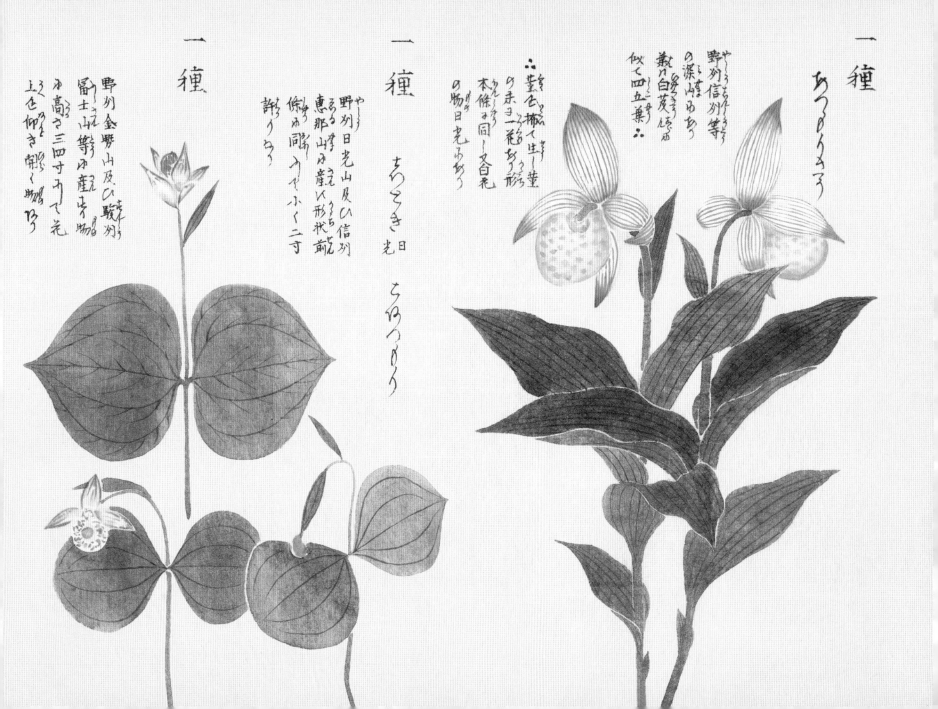

一種
あつもりさう

やまぶきざうのかうまたさう
野州信州等
の深山にあり
やまぶきざうに似て白花あり
藪れ白花に候
似て四五葉に

二藍色を帶て生一莖
り末に一花あり形
本條の同じ又白花
の物日光にあり

一種
あつもりさう

野州日光山及ひ信州
ゑつらの峯にあり
恵那峯山に産し形状箭
係らの同じ見やく二寸
許りあり

一種
あさぎ
日光
そうもりさう

野州金鑿山及ひ駿州
冨士山等に産し物
ゆ高さ三四寸ゆて花
上を仰き欄く物あり

山樝と

一種

へみさんきらし

形状瓣も同く實を
裁て三年より花實
を結く枝蕋軟毬
實大めて肉多く
檢少く熟せ時に
紅色藥用々上品
ゑり

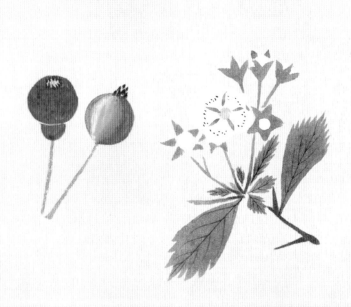

野山楂

Chinese hawthorn

山楂・山查子
Sanzashi

山樝
Yamasumi

早桃
Samomo

原產中國的薔薇科落葉喬木。學名*Crataegus cuneata*，屬名*Crataegus*（山楂屬）源自希臘語的kratos（力量），表示木質堅硬[1]。開五瓣的白色花。和名sanzashi取自漢方「山樝子」的讀音。於江戶初期以藥物用途經朝鮮傳到日本，由幕府八代將軍德川吉宗令人栽種在御藥園。傳說古希臘人用其枝幹做為結婚儀式的火炬，也用枝條編成新娘的頭冠。也有耶穌受刑時所戴的頭冠是用山楂枝編成的傳說。在民間信仰中，其枝條可用於消災解厄。果實可入藥，漢方又名「山查子」，具健胃整腸的功效，對食物中毒和宿醉也有用，並可做成糖漬山楂食用。因春天開花，表徵「希望」和「甜蜜的渴望」等。

---

[1]也有因本屬某些物種枝上生有棘刺之故。

荷青花

Forest poppy

山吹草
Yamabukiso

草山吹
Kusayamabuki

廣布在中國和日本本州到九州，罌粟科多年生草本。學名 *Hylomecon japonicum*，屬名 *Hylomecon*（荷青花屬）源自古希臘語的前綴 holy「森林」，並結合 mecon「罌粟」，也是其英文俗名 Forest Poppy 之意。生長在山林和陰暗潮濕之處，特色在於莖葉含有黃色汁液，傳說母燕會用這種汁液為雛燕洗眼睛。和名「山吹草」出於春天開黃花，看似薔薇科的「山吹」[1]，但僅顏色相近，形狀不同，薔薇科的山吹花瓣有五，荷青花為四。荷青花可長到30～40公分高。栽種時應避免日照強烈的乾燥處，建議種在庭院的林蔭等潮濕的地方。盆栽的話[2]，也應考量其成長的高度，最好用大一點的花盆。

---

①學名 *Kerria japonica*，中文叫棣棠花。

②其在日本是優雅的景觀植物，但台灣的平地不易栽種。

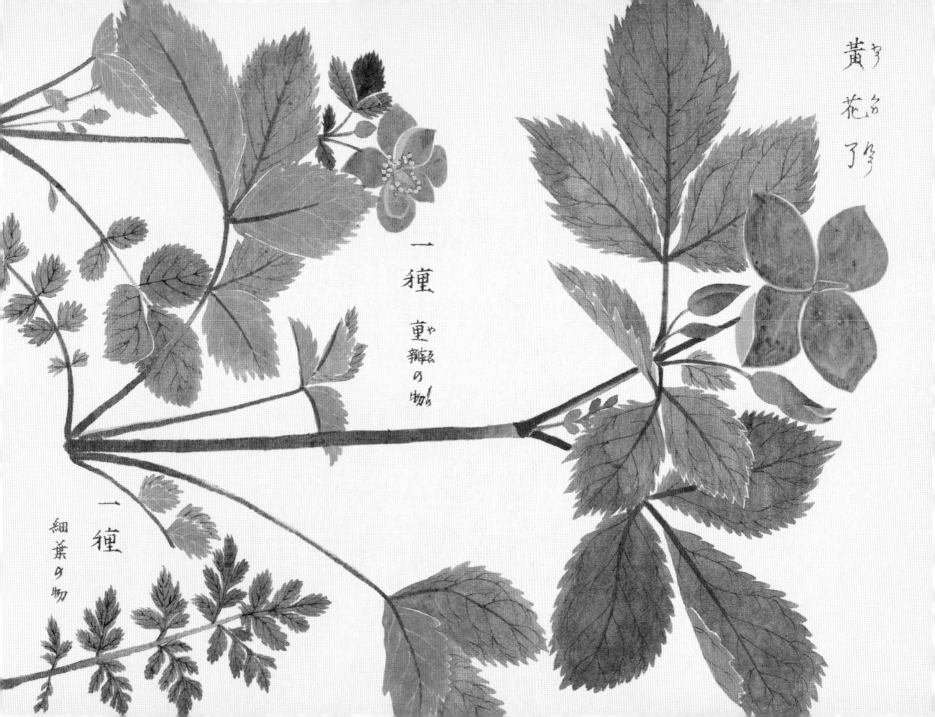

黄花了

一種
重瓣の物

一種
細葉の物

貼梗海棠

Flowering quince

木瓜
Boke・Mokukuwa

毛介
Moke

唐木瓜
Karaboke

原產於中國的薔薇科落葉灌木。學名*Chaenomeles speciosa*，屬名*Chaenomeles*（木瓜屬）是從希臘語的chaino（張大嘴、打呵欠）和meles（蘋果）而來。平安時代因果實可為藥用而傳到日本，後發展成園藝植物。和名boke起源於假借「毛介」（moke）兩字來標示漢名「木瓜」的發音，又或從木瓜的發音bokkuwa轉變而來。瑞典植物學家卡爾・彼得・通貝里（Carl Peter Thunberg）在《日本植物誌》（*Flora Japonica*，1784）裡介紹這是種「多刺的『日本梨』」。果實的中藥名為木瓜，釀成酒飲用有助於消除疲勞和減緩失眠症狀，煎煮成茶也可用來消暑解熱。因花開之後才會長葉，花語為「早熟」和「先驅者」，又從屬名的「打呵欠」引伸出「無聊」的意思。

木瓜

からぼけ

からどう
ぼけ

櫻

Cherry blossom

櫻・佐久良
Sakura

花王
Hananoo

木之花
Konohana

日本原產，本屬植物分布在北半球溫帶和暖溫帶，薔薇科李屬落葉灌木或喬木，是日本的國花。關於sakura的語源眾說紛紜。有一說是因為櫻花樹古時被用來占卜稻作收成的好壞──sa為「稻靈」、kura有「神座」的意思。另有從《古事記》的女神木花開耶姬的「開耶」（sakuya）轉變而來，以及從意指盛開模樣的sakiura音變而來等說法。櫻花樹在平安時代取代梅樹，成為代表日本的花木。有愛好此樹的大名植樹形成的名勝，庶民也喜於外出賞櫻。知名的染井吉野櫻是出自江戶時代末期染井村（現東京駒込附近）一家園藝店之手。日本櫻花首於1712年在世界舞台亮相，後於1822年出口到歐洲。樹皮可用來治皮膚病。花語為「精神之美」和「純潔」。

一種

やま
ざくら

大和芳野名産あり　深山より
あ〜葉は李子似て潤く花は三月
開く單瓣水紅色大き梅花の如
〜其実櫻桃子似て圓く壺長〜
塩藏〜食ゑれは酒の酔を觧に

罌粟

Opium poppy

芥子
・
罌子

Keshi

罌粟

Keshi・Insu

據稱原產於地中海東部，罌粟科1或2年生草本。學名*Papaver somniferum*源自pappa（牛乳）和somnus（睡眠），出於古人用添加罌粟乳汁的粥餵食幼兒，助其入睡的做法。爸爸的稱呼papa源自於此。在美國，poppy除了指罌粟科植物，也用來俗稱父親。和名keshi起因於「芥子」讀音的錯誤──由於種子跟「芥菜」（*Brassica juncea*）的種子很像而借用「芥子」兩字起名，卻因發音錯誤成了keshi。人類栽種罌粟的歷史相當久遠，可從古代遺跡裡有罌粟種子出土一事得到印證。相傳古希臘奧林匹克選手為滋補身體，會食用混合葡萄酒或蜂蜜的罌粟種子。在阿拉伯醫生發現用種子提煉麻藥的方法之後，該植物在7世紀左右從歐洲傳到中國，再於平安時代傳到日本。豔麗的花朵曾是室町時代裡用來插花的素材。花語為「安眠」和「忘却」。

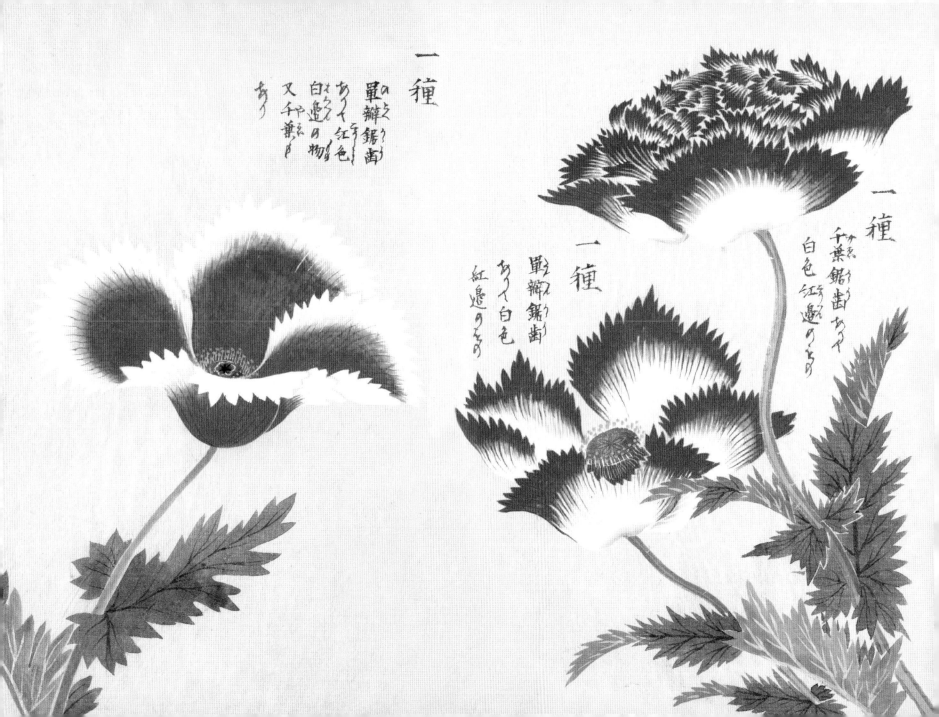

一種
單辧鋸齒
あり紅色
白色遠の物
又千葉の
あり

一種
單辧鋸齒
あり白色
紅邊のもの

一種
千葉鋸齒あり
白色
紅邊のもの

溲疏

Deutzia

空木

Utsugi

卯之花

Unohana

溲疏

Soso

日本原產的虎耳草科落葉灌木。學名*Deutzia crenata*。廣泛自生在山野中，樹高約1～3公尺，枝幹多有分歧。現在普遍使用的稱呼「空木」，出於小枝為中空的緣故。關於別名unohana（卯之花）的由來則有兩種說法，一是從utsuginohana（空木花）省略而來，二是因為花開在農曆四月（即卯月）。這種植物自古以「卯之花」之名為人熟知，在《萬葉集》裡有24首和歌詠及此物，包括作者不詳的雜歌「五月山 宇能花月夜 霍公鳥 雖聞不飽 又鳴鴨」[1]在內。溲疏的枝條會隨時間經過而變輕、質地更堅硬。曾是祭祀時用以鑽木取火的鑽子材料, 古人也用其花來占卜農作的收成。果實和葉子具藥效，乾燥後可用於利尿、消除浮腫。花語有「傳統」、「祕密」和「夏天的到來」等含意。

---

[1]訓讀「五月山 卯の花月夜 ほととぎす 聞けども飽かず また鳴かぬかも」，意為「五月山中 卯之花開月夜裡 杜鵑啼聲百聽不厭 能否再為我啼唱」。

溲疏

うつぎ 和名 うつけ 土州 あろゝのもゝ

うのそろ さめき 薩州

集解の諸説まちまち的當ろよきれとも古説に随てうつきを載に山野人家
とりふ多く所々樹高さ七八尺に至り枝葉對生し春月嫩芽を生し葉の形
木天蓼に似て厚く周り鋸齒ろり初夏梢に二三寸の穗をなせ五辨の白花
を開く形桔梗に似て大き四五分許く後實を結ふ形やんけしの實の如し

海仙花

Weigela coraeensis

箱根空木
Hakoneutsugi

箱根花
Hakonebana

箱根卯花
Hakoneunohana

分布在日本的忍冬科落葉灌木。學名*Weigela coraeensis*，屬名*Weigela*（錦帶花屬）取自德國化學家偉格（Christian Ehrenfried Weigel）之姓，種小名意指「產自朝鮮」。5～6月左右抽出聚繖花序，著生多朵側開的鐘狀花。初開白色，再逐漸轉成紅色或紅紫色，紅白相襯，美不勝收，現多種來觀賞用。廣布在日本各地，尤其是太平洋沿岸，推測是園藝栽培後，逸出野外的結果。和名hakoneutsugi雖然寫成「箱根空木」[1]，在當地並無此植物自生，應是出於誤認。在其他地方又有fujiutsugi（青森縣）、shimoutsugi（神奈川縣、山梨縣）、suibana（長野縣）、datebana（和歌山縣）等稱呼。花語從花的顏色隨生長變化而有「見異思遷」的意思。

---

[1]空木係因樹幹中空而得名。

やまぶき
うはき

浦島天南星

Japanese cobra lily

浦島草
Urashimaso

蛇腰掛
Hebinokoshikake

虎掌
Kosho

日本原生之天南星科多年生草本。學名*Arisaema thunbergii* subsp. *urashima*，屬名*Arisaema*（天南星屬）是aris[①]（一種植物名）和haima（血）的合成語，取自葉片帶紫褐色斑點的模樣。種小名是根據和名urashimaso（浦島草）命名，因其花序末端為長鞭狀，看起來就像日本民間故事裡浦島太郎釣魚竿上的線。一般認為「浦島草」的稱呼從江戶時代以前就有了。由於花的形狀看似蛇高舉頭的樣子，又得「蛇草」和「蛇腰掛」等別名。漢名「虎掌」。屬有毒植物，食其根莖會引發嘔吐和腹痛等症狀。跟浦島天南星為同科同屬的蝮草（學名*Arisaema serratum*），塊莖可入藥，名為「天南星」，具消炎作用，主治風濕和神經痛。

---

①aris來自希臘語arum，意指彊南星屬（*Arum*），分布由北非通過地中海，至歐洲及中亞地區。

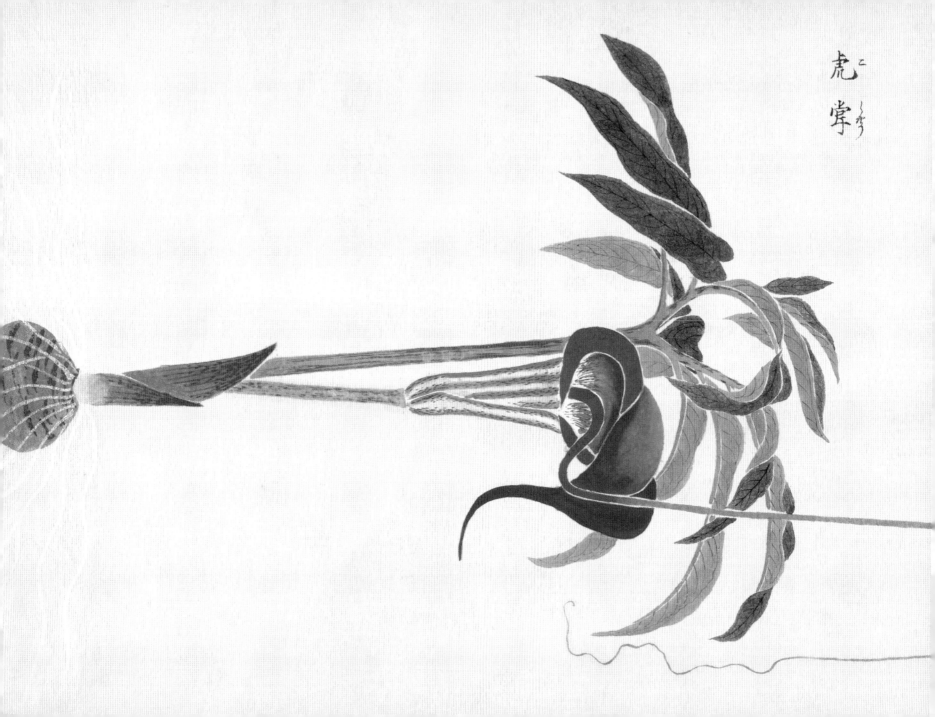

虎掌

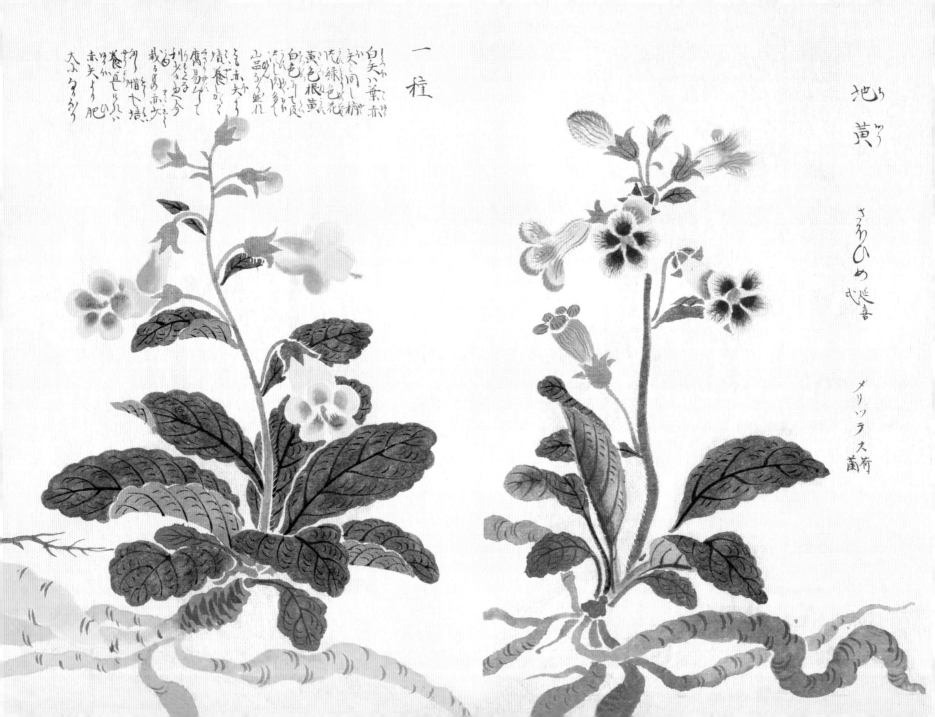

一種

地黄

白矢ハ葉赤シ夫ト同シ柄ニシテ花ノ緑葉ニシテ黄色花白色根黄シ今山生ミルモ赤キモ皆赤シ根ニシテ腐レヤスク折レ易クモノ皆赤シ今山ニ多シ養フテモ松養スル栽ルモノ皆赤シ今松養セシハ少ラル赤矢リ肥ユル大分タリヌル

さうひめ延喜式
メリツラス荷菌

地黃

Chinese foxglove

地黃
Jio

赤矢地黃
Akayajio

佐保姬
Sahohime

原產於中國北部和東北部，列當科多年生草本。學名*Rehmannia glutinosa*，屬名*Rehmannia*（地黃屬）取自俄羅斯沙皇御醫約瑟夫·雷門（Joseph Rehmann）之姓。花莖直立，從葉片之間伸出，末端依序著生數朵淡紅色，寬筒狀的花。一般認為漢名「地黃」是取其根部黃而肥大之意，但詳情不明。和名有akayajio（赤矢地黃）和sahohime（佐保姬）等稱呼，後者是源自春神佐保姬之名。以塊根入藥，名「地黃」，用於解熱和滋養身體，又因加工方式而有不同的稱呼：挖出後直接以砂土埋藏，放乾燥陰涼處者，是為「生地黃」；以生地黃加工蒸曬而成的叫「熟地黃」；還有一種叫「乾地黃」，是採集後立即曬成干的。地黃在平安時代傳到日本，自古即是藥用植物。

杜鵑

Azalea

躑躅

Tsutsuji・Tekichoku

火取草

Hitorigusa

原產於歐亞和北美洲[1]的杜鵑花科常綠或落葉灌木。屬名*Rhododendron*（杜鵑花屬）由rhodon（玫瑰）和dendron（樹木）構成，意指開紅花的樹。關於和名tsutsuji的語源，有取自其花呈筒狀（tsutsujo）的外觀，另有花朵簇生枝頂接續綻放（tsuzukisaki），以及從中文名稱的「杜鵑」而來等諸多說法。圖譜顯示的是和名為rengetsutsuji（蓮華躑躅）的種類，是用蓮花來比喻花朵環開的樣子，漢名叫「羊躑躅」，相傳是因為有羊吃了這種植物之後徘徊不前（躑躅）而死[2]。英文名azalea源自希臘語azaleos「乾燥」的意思，因為歐洲的杜鵑生長在岩石山地的乾燥處。花語取自紅花的印象表「熱情」，其他還有「愛的喜悅」和「初戀」等含意。

---

[1]雖然北美亦有，但杜鵑花屬植物的多樣性集中在亞洲，其餘地方皆無甚可觀。

[2]因蓮華躑躅有毒性，食用後會導致痙攣、呼吸停止。

羊躑躅

淡紅花

毛泡桐

Princess tree

桐
Kiri

桐木
Kirinoki

白桐
Shirogiri

花桐
Hanagiri

一葉草
Hitohagusa

中國原產之泡桐科落葉性喬木。學名*Paulownia tomentosa*，屬名*Paulownia*（泡桐屬）語源出自沙皇保羅一世的女兒安娜·帕夫洛芙娜（Anna Paulowna）之姓。《大和本草》一書對和名kiri的語源做此解釋：「砍斷此木後很快又能長出來，故名kiri（伐）」。漢名「桐」字出於樹幹呈軀幹（胴）狀，且花呈漏狀鐘形（筒狀）。日本將古中國鳳棲於梧（梧桐）的傳說，引申到泡桐會吸引鳳凰來停棲[1]。為一種吉祥的樹，在日本也於平安時代初期成為皇室徽章的象徵。桐紋代表皇室與當時的掌權者，廣泛鑲在盔甲和刀劍上，進而在豐臣秀吉的時代應用在一般工藝和美術品上。泡桐同時也是為人熟知的高級家具和樂器的材料，如桐木櫃和古琴等，可說是古來就與人類生活息息相關的植物。

---

[1]因梧桐和泡桐葉形相近之故。

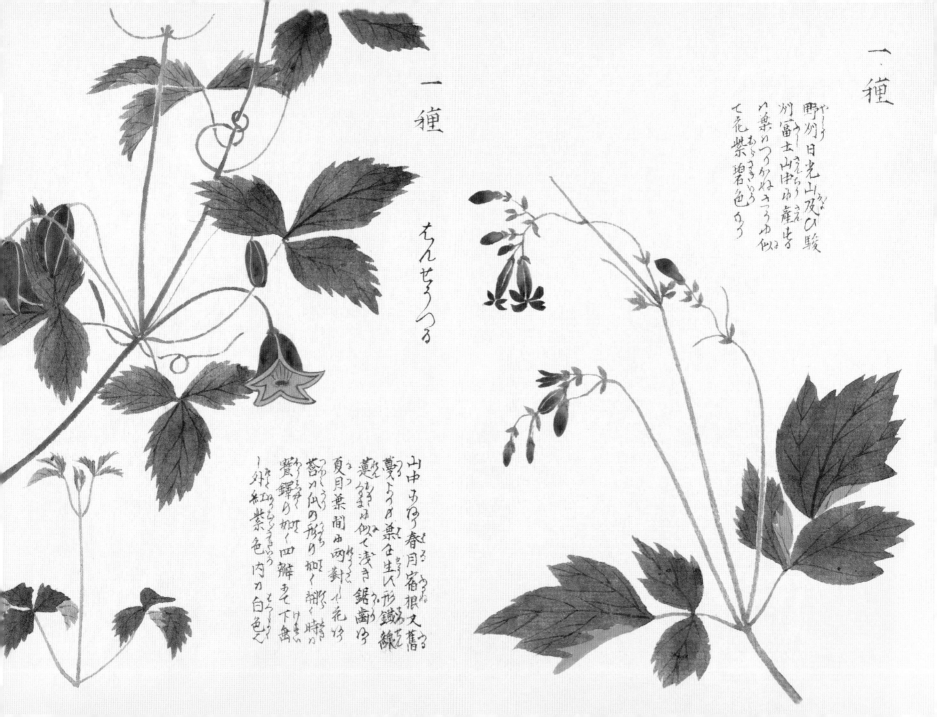

一種

一種

野州日光山及ひ駿
州冨士山中ゐ産す
ハ葉れつづかねさうゆ似は
て花紫碧色かり

ちんせうつる

山中ゐね春月茜根又舊
蔓ろうの熟を生ひ形鐵線
蓮さきゐ似て淺き鋸齒か
夏月葉間西兩對ハ花け
蕚鐸り如く開く時ハ
賢鐸り如く四瓣そそ下島
一株紅ろうくうるう紫色内カ白色之

日本鐵線蓮

Japanese clematis

半鐘蔓
Hanshoduru

分布在日本的毛茛科落葉性木質攀緣性藤本植物。學名*Clematis japonica*，屬名*Clematis*（鐵線蓮屬）源自希臘語的klema，是「藤蔓、捲鬚」的意思。紫褐色、吊鐘狀的花朵朝下綻放，莖木質呈暗紫色。葉對生，為3～9公分的三出複葉。花柱約2公分長，白色、具柔毛。跟用來改良鐵線蓮品種的轉子蓮[①]和鐵腳威靈仙[②]是同屬，分布在本州、四國和九州的山林中，屬耐陰性植物，生長在半日照和稍微潮濕的地方。和名「半鐘蔓」是出於低垂綻放的花朵姿態像對火災示警的小型吊鐘（日語稱「半鐘」），又因具有攀藤的性質，後接「蔓」字。雖然花的樣子不比其他同屬植物來得豔麗，低垂的模樣卻更添嬌媚。

---

①學名*Clematis patens*，日語叫「風車」。

②學名*Clematis florida*，日語叫「鐵線」。

山縷斗菜

Columbine

苧環

Odamaki

苧環草

Odamakigusa

糸繰草

Itokuriso

吊鐘

Tsurushigane

縷斗菜屬為北半球溫帶廣布的毛茛科多年生草本。山縷斗菜學名 *Aquilegia buergeriana*，屬名 *Aquilegia*（縷斗菜屬）取自花基部膨脹的樣子，源自拉丁語的 aquila（老鷹①）或 aquilegus（水瓶）。和名 odamaki（苧環）與別名 itokuriso（糸繰草）都是出於花長得像織布機的麻線球（日語稱「苧環」）。英文名 columbine 源自拉丁語的 columba（鴿子②）。由於花萼長得像古希臘遭妻子背叛的男性頭上長出的角，花語表「茍合」、「品行不良」。其他還有「勝利誓言」和「不服輸」的意思，這是因獅子會食其葉，故古人相信這種植物的葉子具有力量，用雙手搓揉就能產生勇氣。

①推測因其花瓣後帶有長距，類似於鷹爪的緣故。

②因其倒置的花朵，就像圍聚的鴿群。

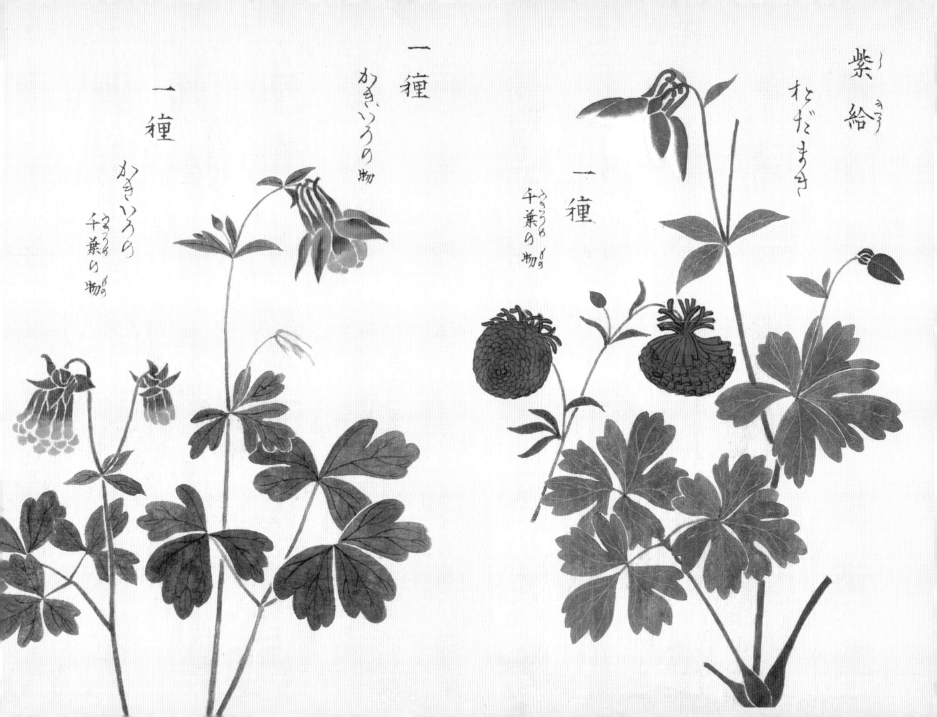

一種
かきいろの
千葉の物

一種
かきいろの物

一種
ちうの
千葉の物

紫給
たゞまき

一種
ちうの
千葉の物

日本厚朴

Japanese bigleaf magnolia

朴木
Hoonoki

厚朴・朴柏
Hohogashiwa

柏
Kashiwa

分布在日本和中國的木蘭科落葉喬木。學名*Magnolia obovata*，屬名 *Magnolia*（木蘭屬）取自法國植物學者邁格諾（Pierre Magnol）之姓。在長20～30公分的大葉子之間開出直徑約20公分的大型杯狀花。和語hoonoki（朴木）的語源不明，但在萬葉時代已有hohogashiwa的稱呼，源自ooba（大葉）gashiwa，而gashiwa是指炊食用的葉子，可用來盛放食物。土厚朴的葉子帶有香氣，除了用來包米飯等，在飛驒高山的鄉土料理「朴葉味噌」[1]裡也派上用場。此外，土厚朴的樹幹也廣泛應用在建材等。以乾燥樹皮入藥，是為「厚朴」，又「和厚朴」的藥名只是用以區別藥材的原產地是國產，而非中國產。通常會搭配其他藥材一起使用，主治痰飲喘咳、胃炎、浮腫，也可利尿。

---

[1]岐阜縣北部的飛驒高山地方習於把自製的味噌盛於土厚朴的葉子上，再添加山菇等山菜，撒點蔥，燒烤後拌飯食用。

の菜園ゝ漢種の物あり和産と異る事あゝと云ふ

杜仲

Eucommia ulmoides

杜仲

Tochu

中國原產杜仲科落葉喬木，樹高可達 20 公尺。學名*Eucommia ulmoides*[1]，屬名*Eucommia*（杜仲屬）源自希臘語的eu（好）和komi（膠），因其樹脂呈黏膠狀。杜仲是世界少見一科一屬一種的植物。和名直接取用漢名「杜仲」，唸成tochu。相傳名稱是中國古代有個叫杜仲的人用樹皮煎煮成汁，飲用後悟道成仙[2]而來。杜仲在中國做為藥用植物的歷史已有五千多年之久，由於一棵樹能取得的藥材僅為少數，極其珍貴，被稱做是夢幻的藥樹或仙木。藥名「杜仲」，具強壯滋養和鎮痛的效果，可用來解緩神經痛、肌肉疼痛和關節疼痛，亦可治療高血壓、預防流產和改善頻尿症狀。用葉子煎成的杜仲茶也是為人熟知的健康茶飲。

①左圖中的果應為厚葉衛矛（學名*Euonymus carnosus*），和名「黑杜仲」。

②中文別名「思仙」的由來。

Summer

石楠

Rhododendron

石楠花・石南花・石南
Shakunage

石南
Shakunan

原產在以喜馬拉雅地區為主的北半球，杜鵑科常綠灌木。屬名 *Rhododendron*（杜鵑花屬）是結合希臘語的rhodon（玫瑰）和dendron（樹木）。關於和名shakunage的由來，有一說是從漢名「石楠花」的讀音shakunange轉變而來。由於花姿態豪華豔麗，有花木之王之稱。其「王」者之稱還有個原因是出於石楠原本生長在高山地帶，不易在其他氣候條件不符的地區見到的關係。19世紀後半由英美的植物獵人從喜馬拉雅山區和中國帶到英國，在歐洲進行大量的品種改良。日本開始引進外國原生植物和交配種是在明治時期以後，由前往歐美留學視察的人帶回的。花語表「尊嚴」、「威嚴」和「莊嚴」。

石南 <ruby>石南<rt>いしなん</rt></ruby>

しやくなげ

しやくなん

深山幽谷小嶺の樹の高さ六七尺より至る
葉四時あり小洞まに形状枇杷の葉に
似て小く面深緑色背に褐色の柔毛
あり初夏稍小枝を生し数花を簇生に
一花の形躑躅に似て大さ五辨或六七
辨を生に開くとき淡紅色と為る

雞冠花

Cockscomb

雞頭・雞冠
Keito

雞頭花
Keitoge

韓藍
Karaai

據稱原產於印度的莧科一年生草本。學名*Celosia cristata*，屬名*Celosia*（青葙屬）是取自希臘語的keleos（燃燒），因其花看起來就像燃燒中的紅色火焰。中日文的「雞冠」和「雞頭」以及英語的cockscomb等稱呼則是出於花序的形狀。雞冠花在古時經中國傳到日本，以「韓藍花」之名在《萬葉集》裡登場，至今仍為人喜愛。主要種來觀賞用，據說在江戶時代也會採其嫩葉做成燙青菜食用。花和種子可入藥，名稱各是「雞冠花」和「雞冠子」，用於止瀉和止血崩。花語有「趕時髦」和「裝腔作勢」等含意，可能是源自公雞頭上雞冠般的外形，另有「不褪色的愛」、「博愛」和「奇妙」的意思。

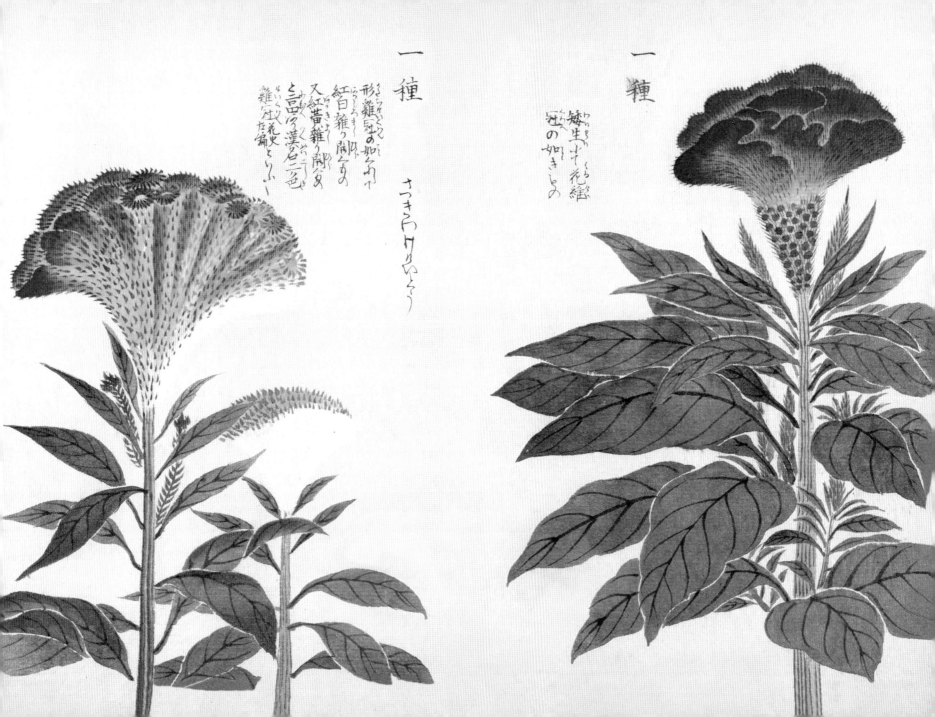

一種

形雑冠の如くあれ
ど又ちいさく花総
冠の如きもの

一種

形雑冠の如くあれ
ど又ちいさく花総
冠の如きもの

さつきとりのいろう

形雑冠の如くあれ
ど又ちいさく花総
冠の如きもの
紅白雑り開きす
又紅黄雑り開き又
と言々漢名二色
雑冠花史とい
ふ

木芙蓉

Dixie rosemallow

芙蓉
Fuyo

醉芙蓉
Suifuyo

木芙蓉
Mokufuyo

木蓮
Kihachisu

原產於中國和日本，錦葵科落葉灌木。學名*Hibiscus mutabilis*，屬名*Hibiscus*（木槿屬）是俗稱藥蜀葵（*Althaea officinalis*）的植物在古希臘語裡的稱呼、種小名*mutabilis*意指「多變的」。和名fuyo（芙蓉）取自漢名「木芙蓉」的音讀簡略而來。開白色或粉紅色花，是清晨開花到傍晚旋即凋零的一日花。另有早中晚從白色轉粉紅，再變成紅色的品種叫suifuyo，漢字寫成「醉芙蓉」。順便一提，「醉芙蓉」跟「水芙蓉」的日語發音相同，但後者在中國指的是荷花。俳句詩人松尾芭蕉曾作詩詠木芙蓉枝頭日有變化的模樣①。「芙蓉」也用來形容美的事物，例如「芙蓉之顏」，而「芙蓉峰」指的是富士山。花語也傳達了美的含意，表「纖細之美」和「優雅端莊的戀人」。

①枝ぶりの日ごとにかはる芙蓉かな。

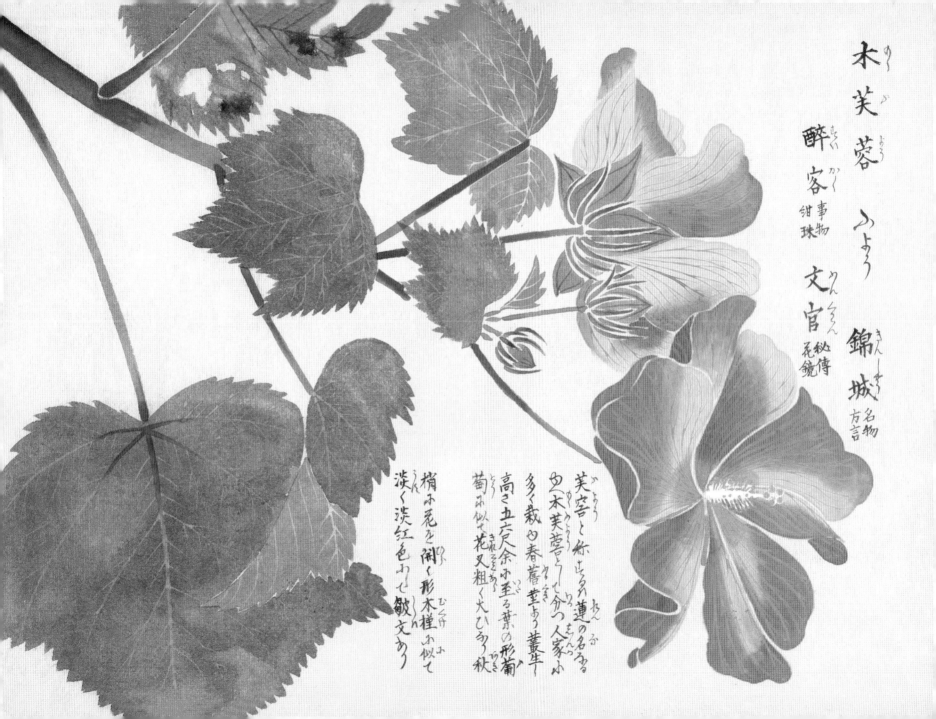

木芙蓉 ふよう 錦城 名物方言

酔客 事物紺珠

文官 秘傳花鏡

芙蓉と称するは蓮の名なる也木芙蓉といつて分つ人家に多く栽ゆ春蘖生して莖あう叢生し高さ五六尺余に至る葉の形葡萄に似て花又粗く大ひなり秋

梢に花を開く形木槿に似て淡く淡紅色にして瓣交あり

虎耳草

Creeping saxifrage

雪之下
Yukinoshita

虎耳草
Kojiso

岩蕗
Iwabuki

原產於中國和日本，虎耳草科常綠多年生草本。學名*Saxifraga stolonifera*，屬名*Saxifraga*（虎耳草屬）出自拉丁語的saxum（岩石）和frangere（碎裂），意謂它經常群生在濕氣重的岩石裂縫處。關於和名yukinoshita（雪之下）的出處有幾種說法。一是在雪白的花朵下可見綠葉叢生，又或下雪的時候葉子仍常保鮮綠而得此名。另一說是源自白色舌狀花瓣彷如雪之舌（yukinoshita）。漢名「虎耳草」則是出於該原生植物葉圓，被覆長毛，看起來像老虎的耳朵。虎耳草自古就是一種民俗藥方，把葉子搗爛取汁可用來治療小兒痙攣和外耳炎，又，葉子經火烤、搓揉之後可用來塗敷輕度燙傷和凍瘡等患處。花語有「好感」、「深情的愛」和「切實的愛」。

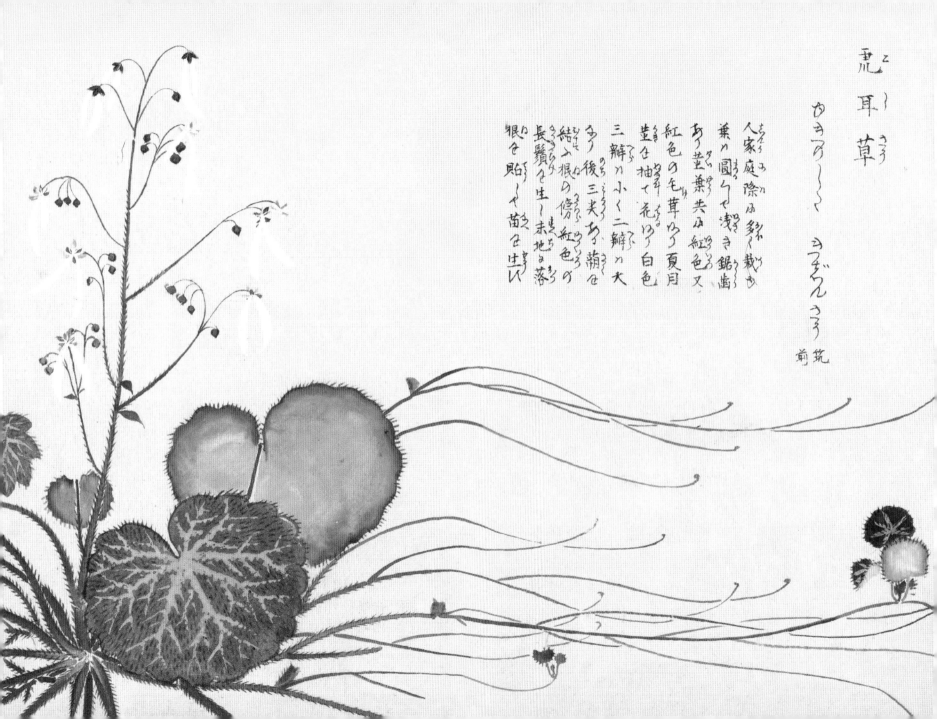

虎耳草
ゆきのした　ゆきんさう
前筑

人家ノ庭除ニ多ク栽ユ
葉ハ圓ク浅キ鋸歯
アリ茎葉共ニ紅色又
紅色ノ毛アリ草ハヲ夏月
茎ハ抽テ花ノハ白色
三瓣ハ小ク二瓣ハ大
ナリ後三尖ヲ蘋色
結ヒ根ノ傍紅色ノ
長鬚ヲ生シ末地ニ落チ
根ヲ貼シヤ苗ヲ生ス

雜種鐵線蓮

Clematis

鐵線
Tessen

鐵線花
Tessenka

風車
Kazaguruma

鐵腳
Tekkyaku

起源於中國之毛茛科多年生藤本。學名*Clematis* Hybrids[1]，屬名*Clematis*（鐵線蓮屬）是「攀緣植物」的意思，源自希臘語的klema（藤枝）。現在日本一般叫「鐵線」，該名稱也經常用來泛指同屬植物，出於堅韌如鐵絲的莖。「風車」的稱呼則是因為花瓣和藤蔓看起來像玩具風車。鐵線蓮在室町時代從中國傳到日本，1829年由德國博物學家西博德（Philipp Franz von Siebold）帶回歐洲，在植物展覽會裡展出，促成英國為其進行品種改良的契機，才有現在這麼多園藝品種的誕生。英國人稱之為traveler's joy[2]，因為鐵線蓮花為旅人帶來悅目的風景，所以花語是「旅人的喜悅」。

①由鐵線蓮屬植物種間雜交所產生的園藝品系。

②此名稱出自17世紀一位具有廣泛草木知識的英國醫生約翰·傑勒德（John Gerard），其認為葡萄葉鐵線蓮（*Clematis vitalba*）種子上延長的花柱，被覆白色絨毛的外觀為旅人帶來悅目的風景而來。

鐵脚
威靈仙

ゆきかつら

いれうせん

かづ
らうま

木天蓼

木天蓼

Silver vine

木天蓼

Matatabi・Mokutenryo

和多多比

Watatabi

分布在日本和朝鮮半島①的獼猴桃科落葉大藤本。學名*Actinidia polygama*。開5瓣的白色花，帶有香氣。長橢圓形的果實大小約3公分。和名matatabi來自愛奴語的matatamubu——mata是「冬天」，tamubu是「龜殼的」——據說是出於昆蟲分泌物的刺激而長成不規則形狀之蟲癭果的聯想。另有一種說法是，旅人食其果實之後可消除疲勞，再度（mata）上路（tabi＝旅）而得此名。在《本草和名》裡記載其古名為「和多多比」。從日本有句俗話說「給貓木天蓼」②，就能知道貓喜歡這一味，但也會發生食用後身體麻痺像酒醉的現象。木天蓼的果實可拿來釀酒，也可入藥，是為「木天蓼」，經汆燙乾燥後可用於改善手腳冰冷、神經痛和腫脹的現象。

①亦分布在俄羅斯、中國東北。

②「猫に木天蓼」是用來比喻給對方投其所好的東西，可收到不錯的成效。

芍藥

Chinese peony

芍藥・癪藥

Shakuyaku

衣比須久利

Ebisugusuri

貌佳草

Kaoyogusa

原產於中國北部到西伯利亞一帶的毛茛科多年生草本。學名*Paeonia lactiflora*，屬名Paeonia（芍藥屬）取自希臘神話裡皮恩（Paeon，眾神的醫生)醫生之名。在奈良時代以藥用植物為目的傳到日本。和名shakuyaku取自漢名「癪藥」的讀音，意為「止癪之藥」。「癪」是日本自創漢字，指突發性胸部或腹部痙攣所引起的疼痛。從古名ebisugusuri表「來自異國的藥草」，可知該植物藥用歷史之悠久。此外，古希臘人認為芍藥可防惡靈纏身，攀折該花木會受到詛咒。芍藥的根可入藥，煎湯內服，可鎮痛和減緩婦人病症狀。由於花開豔麗而逐漸轉成觀賞用途，所謂「站如芍藥、坐似牡丹」[1]，其花也被用來形容美人。因花會在夜間閉合，花語表「害羞」和「靦腆」。

---

①立てばシャクヤク、座ればボタン。

芍薬
ゑびすぐさ 延喜
弐

元漢種すゝ今花色甚ゝ
多く紅白深紅等或カ花
辨の多小一すかひ漢土ニカ
秘傳花鏡ふ八十八種生載
ひ其外諸書か見えそゝ

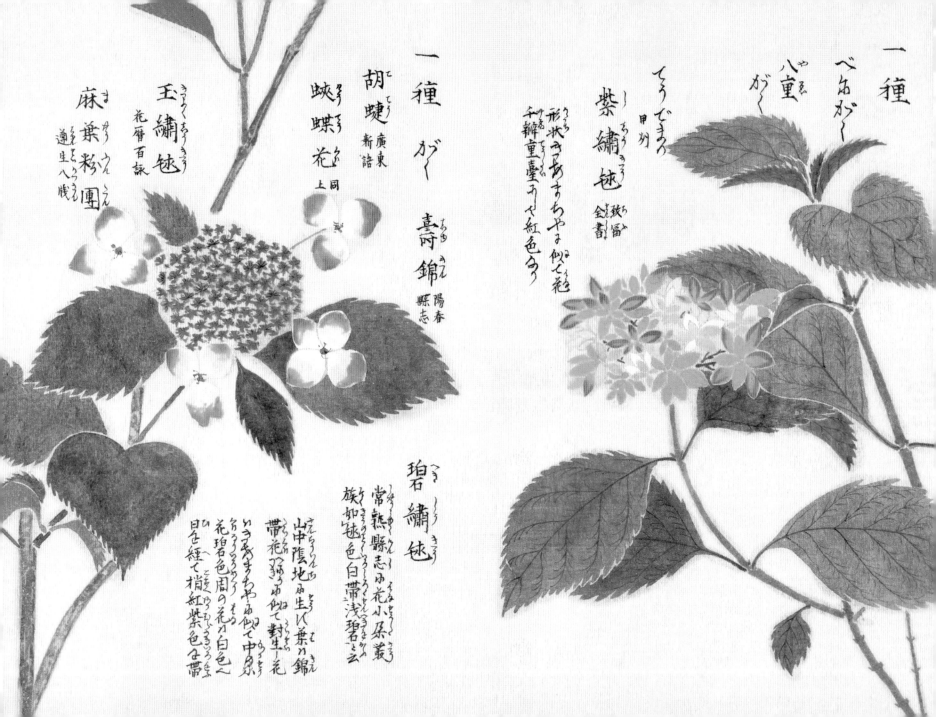

一種
べ名がく
八重 やへがく
がく

てうでまり 甲州
紫繡毬 致富 全割
形状きであちやま似て花
千瓣重臺ガや紅色分り

一種 がく
胡蝶 廣東新語
蛺蝶花 同上
壽錦 陽春縣志
玉繡毬 花麝百詠
麻葉粉團 通生八賤

珀繡毬
常熟縣志小花小蕊叢
族如毬色白帶淺碧とも
山中陰地ふ生ビ葉ガ錦
帶花弱々似て對生ノ花
いきまちやゆ似て中ゑ
花珀色周ノ花ガ白色ぃ
日色經て梢紅紫色な帶

繡球花

Bigleaf hydrangea

紫陽花

Ajisai

額紫陽花

Gakuajisai

七變

Nanabana

原產於日本的八仙花科落葉灌木。學名*Hydrangea macrophylla*，屬名*Hydrangea*（八仙花屬）源自希臘語的hudro（水）和angeion（容器）。關於和名ajisai的語源有諸多說法，其中最有力的是出自集（adu）藍色（ai）小花成簇的adusai（集真藍）。另有認為sa是取自農曆五月開花，就像「五月雨」唸成sa-midare一樣，從「集（adu）五月（sa）藍（ai）」變成現在的讀法。繡球花在日本經常寫成「紫陽花」，出自於唐朝詩人白居易的同名詩作，兩者所指不同卻因誤解而沿用至今。到了18世紀末，日本的繡球花傳到歐洲，在當地改良成各種品種之後反向輸入祖國。花的顏色七彩多變，被用來比喻善變的女人心。花語有「變化無常」和「不專情」。

魚腥草

Fish mint

蕺
Dokudami

蕺草
Dokudame

之布岐
Shibuki

蕺藥
Jyuyaku

廣泛分布於南亞橫越東亞，至東南亞地區之三白草科多年生草本。學名 *Houttuynia cordata*。和名dokudami出自解毒的藥效，從dokudome（毒止）或dokudame（毒矯）轉音而來。關於古名shibuki（之布岐），有一說法是從古語表淤積的shibuku（涉），以及群生在潮濕地帶看起來就像毒氣（惡臭）滯留的樣子，由dokushibuki（毒涉）簡化而來。其特殊的腥臭味為它在日本各地贏得不同的稱呼，例如在岡山縣叫inunosiri（狗屁股）、在山形縣叫hegusa（屁草），又因生長在潮濕的場所，千葉縣人叫它kaerupoppo（青蛙啵啵）等。該植物自古即為民俗藥方，用來治療膿腫、香港腳、痱子、痔瘡、慢性鼻炎，以及預防高血壓和動脈硬化等，藥效十全，故名「十藥」（中藥名為魚腥草）。花語表「白色的追憶」。

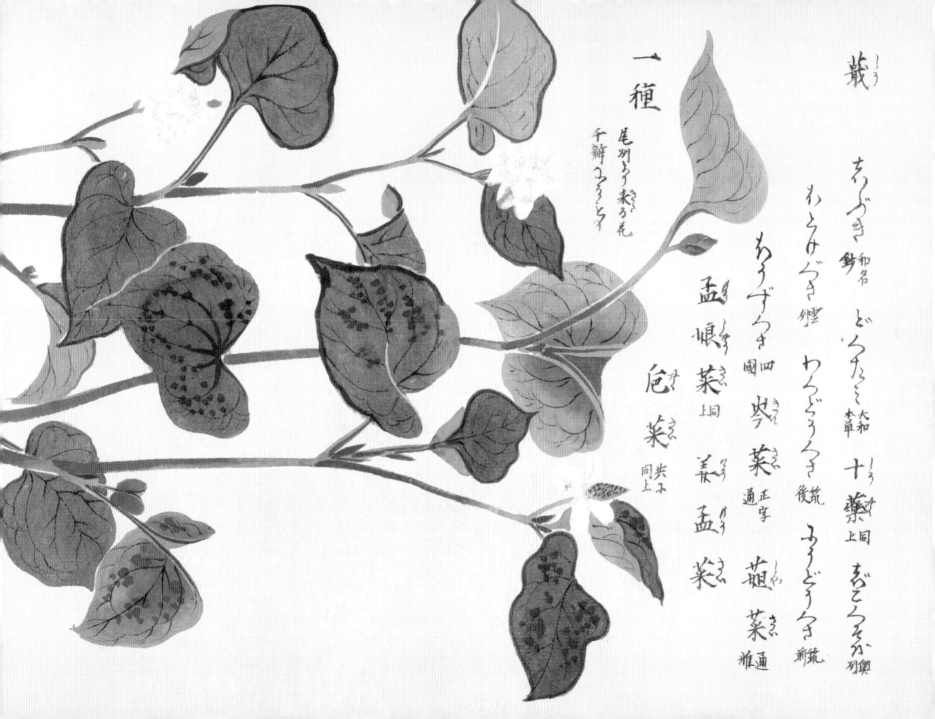

蕺〔しう〕

ちうぶき 〔和名〕 鈔

わうけぶき 〔本草〕

あうずつき 〔国〕四

孟娘菜 上同

厄菜 共子同上

一種 尾州よリ来ル花 千弁ツヽ〈…〉〈…〉

どくだみ 〔大和本草〕

わうどうんき 〔後荒〕

ふうどうんき 〔新荒〕

十薬 上同 おどろそが 別闕

岑菜 通正字

蔛菜 雅通

姜孟菜

薊
Thistle
薊·阿佐美
Azami
薊草
Azamigusa
刺草
Shiso

廣泛分布在北半球的菊科多年生草本。屬名 *Cirsium*（薊屬）。和名 azami 是包含龐大成員，例如薊[1]和田中氏薊[2]等菊科薊屬的總稱。開在莖頂的花由多數筒狀花組成頭狀花序，而葉和總苞長有銳刺。azami 的稱呼起源很早，在《本草和名》裡寫做「阿佐美」。關於名稱的由來，有一說是源自古語的 azamu，意指被刺到時對刺痛的程度感到震驚的模樣。另有一說是出於紫色和白色花朵交雜（azami）的姿態。可入藥，具利尿、行瘀消腫、治神經痛、健胃和止血的功效。薊花同時也是蘇格蘭的國花，傳說13世紀時丹麥軍隊（維京人）夜襲蘇格蘭，是遍地叢生的薊保護國家免受外敵的侵襲[3]。這則傳說也為薊花帶來了「報復」、「復仇」，以及「獨立」和「嚴格」的意思。

---

①學名 *Cirsium japonicum*，日語叫「野薊」。

②學名 *Cirsium oligophyllum*（*C. tanakae*），日語叫「野原薊」。

③傳說是敵軍赤腳踩在多刺的薊上，被扎得疼痛難耐而大聲驚呼，吵醒了蘇格蘭士兵而得以即時擊退對方。

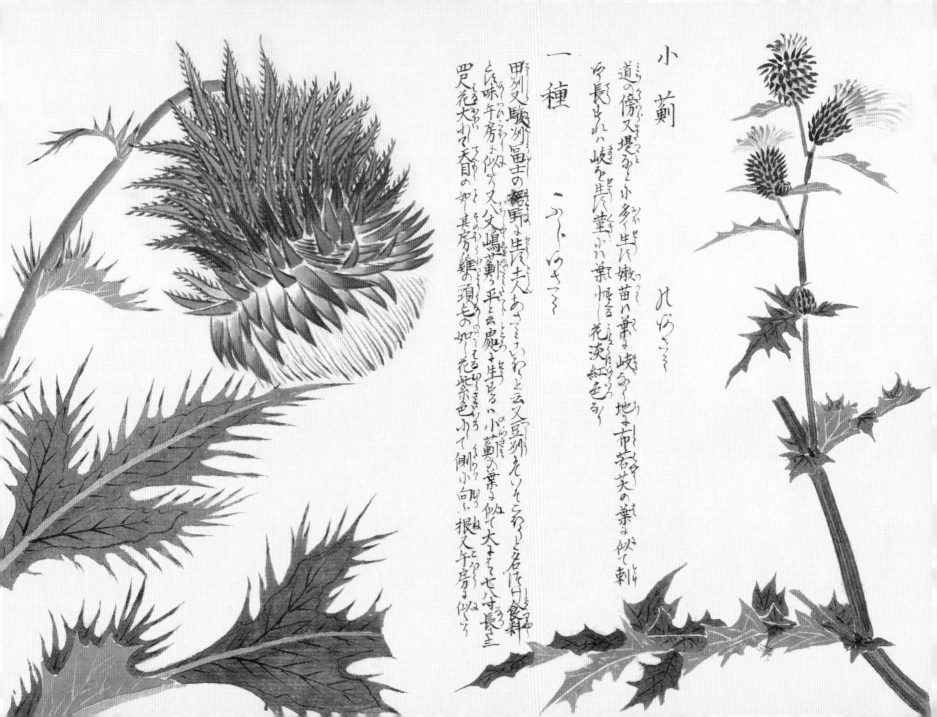

小薊

道の傍又堤など小多く生に嫩苗の葉を岐て地上市苔芙の葉を似て刺
や長それは岐を生に葉小に薫帳て花淡紅色あり

一種

甲州又駿州冨士の裾野に生て大にあつまりうねところと名はけり食料
と兵味午房に似うと又文嶋が薊く平と云魔と生見は小薊の葉を似て大にそ七八寸長さ三
四尺花大にて天目の如其房雑の頭もの如く花紫色ふて側小向に根又午房に似うう

鹿子百合

Japanese lily

鹿子百合
Kanokoyuri

土用百合
Doyoyuri

岩百合
Iwayuri

瀧百合
Takiyuri

日本原產，百合科多年生草本。學名*Lilium speciosum*，屬名*Lilium*（百合屬）為拉丁文古名①，是「白色」的意思。種小名意指「華麗的」。主要生長在九州和四國的山地。日本的鹿子百合聞名全球，從這裡衍生出許多園藝品種。特色在於花朝向下開放，花瓣向後反捲的風姿。花被片②有深紅色斑點和小小的紅色肉質乳突，看起來就像鹿子絞染而取名為「鹿子百合」。另有「土用百合」、「岩百合」和「瀧百合」等稱呼。現可觀賞到的上百種百合，是江戶時代中期開始栽培與品種改良而來，而且一開始是以藥用和食用價值為重。現在野生種變得罕見，面臨絕種的危機。花語表「莊嚴」和「高雅」。

①可追溯到更早的希臘語leírion，意指某種白色的百合花。

②花被片包含花瓣和萼片，此名詞常用於當兩者的形狀和色彩相似時。

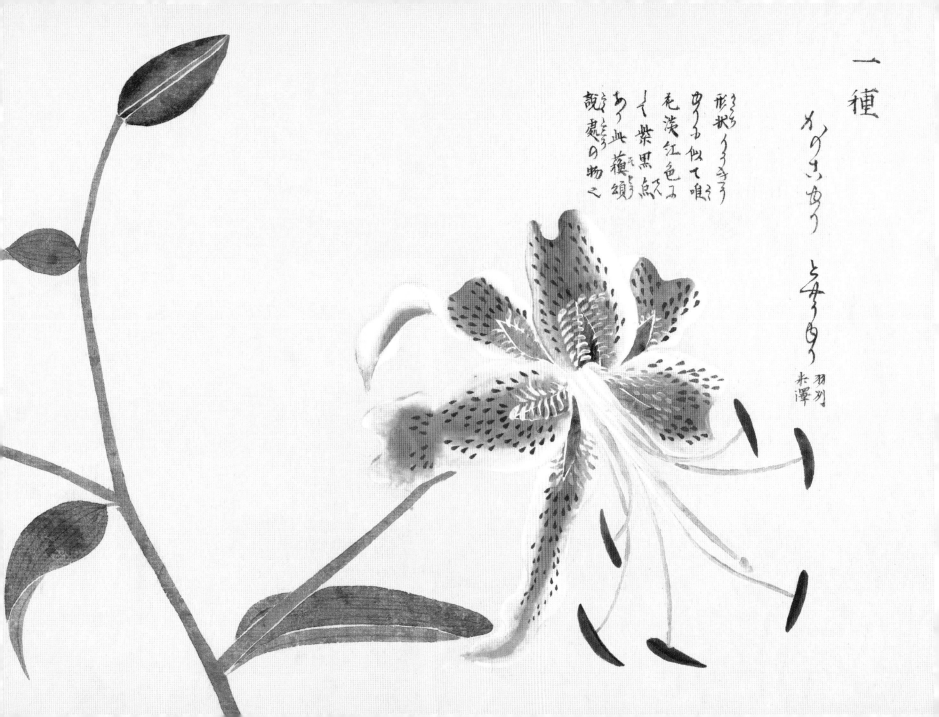

一種

かのさあり とみうり

形状ハユリ类ニ
かうふ似て唖
毛淡紅色ニ
く紫黒点
あり此藐頒
もふ詋處の物之
詋處の物之

羽列
米澤

黃芩

Chinese skullcap

黃金柳
Koganeyanagi

黃金花
Koganebana

黃芩
Ogon

分布在朝鮮半島到中國、蒙古、西伯利亞東部一帶，唇形科多年生草本。學名*Scutellaria baicalensis*。在日本栽種來觀賞和藥用，植株高30～60公分，從根部長出多分枝的莖，向上直立。花期在6～9月，紫色的唇形花呈總狀花序，頂生於莖的末端。和名取自根的顏色，有「黃金柳」和「黃金花」等稱呼。古名叫hihiragi（柊、黃芩、比比良岐）、hahinoha（波比之波）和hahisiba（波比之波）等。以根入藥，是為「黃芩」，可於春秋兩季採收。採收後水洗，曬至半乾，除去外皮再經日曬直到完全乾燥後方可入藥。通常配合其他藥方一起使用，對清熱瀉火、發燒引起的頭痛，以及腹痛、胃炎和腸炎等具有功效。

黃芩　こがね　やごうぎ

一種
白花の物

種朝鮮より渡り多く作る
軟八千屈菜に似て
小釼の状、對
生す高さ三二
尺花、は二
里子あり一種
白花のものあり
根大なるもの
尺許皮黄褐
色肉黄色味
苦し

後偏き骨凄
を浮き出し田
如く紫碧色
紫唇乃
白花に味澁
天花しにして

合歡

Silk tree

合歡木
Nemunoki

合歡
Nebu・Kokan

眠之木
Neburinoki

分布在日本北海道以外的地區、中國和朝鮮半島，豆科落葉喬木。學名 *Albizia julibrissin*。細長的淡紅色雄蕊叢集枝頭，於夜暮前開花，看起來像夜間成眠的neburinoki（眠之木），從而演變成nemunoki的稱呼。此外，對生的葉子在夜間兩相閉合的特性（睡眠運動）也是名稱的來源之一。古名叫nebu（合歡），在《萬葉集》「紀女郎贈大伴宿禰家持歌二首」[1]裡藉其睡眠運動訴情衷。漢名的「合歡」同時也用來指男女交合。乾樹皮可入藥，是為「合歡皮」，除了用於強壯滋養，也可治療腰痛、腫脹和利尿。花語表「夢想」、「歡喜」和「創造力」等。

---

[1]文「昼は咲き 夜は恋ひ寝る 合歡木の花 君のみ見めや 戲奴さへに見よ」。意為不要讓我獨賞白晝盛開，夜裡抱著思念入眠的合歡，你也來這裡共賞吧。

合歡
ねむ
のき

朱槿
Shoeblackplant
佛桑花・扶桑花
Bussoge

一般認為原產於印度和中國，錦葵科常綠灌木。學名*Hibiscus rosa-sinensis*，種小名是「中國產的玫瑰」的意思。開紅色、緋紅色、黃色和白色花。16世紀在中國早已存在佛桑的稱呼，且印度也有相同意思的古名，反映出人類栽種朱槿的歷史悠久。經琉球傳到日本的時間是在江戶時代，當時尚屬珍花奇木，曾留下島津藩獻給德川家康的紀錄。和名bussoge是在漢名「佛桑」之後接「花」字採音讀的結果。另亦有Haibisukasu之稱呼。花似芙蓉、葉如桑，因此又叫「扶桑」或「扶桑花」。朱槿同時也是美國夏威夷州的州花，當地一度盛行相關植物的品種改良。花語表「細緻之美」、「美豔」和「新戀情」等。

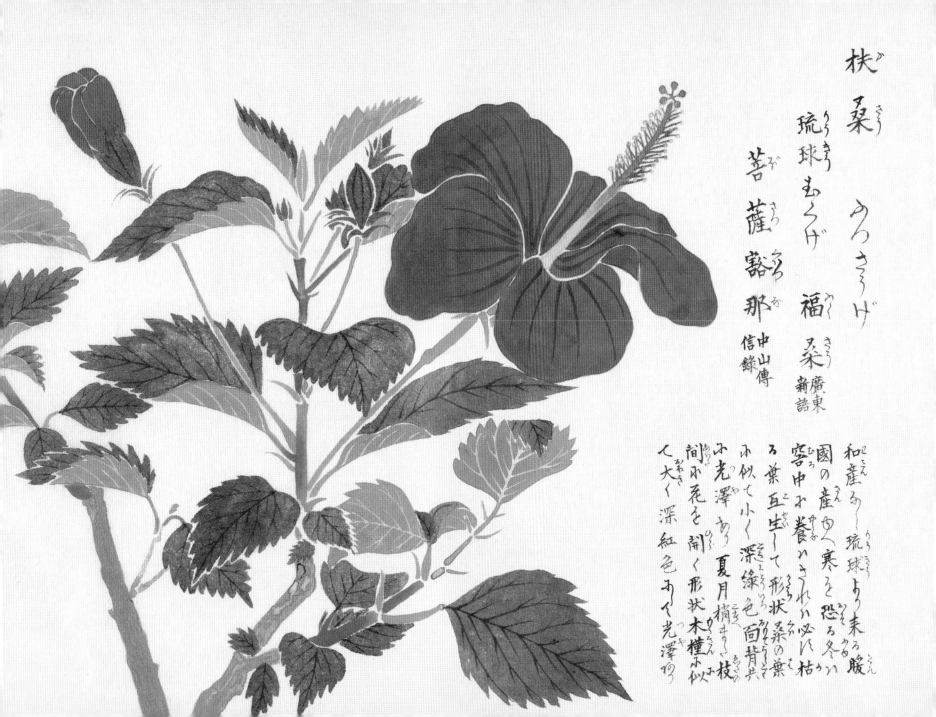

扶桑 ふっさうげ

琉球むくげ 福桑 廣東新語

菩薩嚕那 中山傳信録

和産なし琉球より来る暖
國の産なり寒を恐れ冬は
窖中に養はれ必ず枯るゝ
葉互生して形状桑の葉
に似て小く深緑色面背共
に光澤あり夏月梢より枝
間に花を開く形状木槿に似
て大く深紅色なり光澤あり

睡蓮

Water lily

睡蓮

Suiren

未草

Hitsujigusa

分布在全球溫帶和熱帶，睡蓮科多年生水生草本。屬名*Nymphaea*（睡蓮屬）源自希臘神話裡水精靈寧芙（Nymph）之名。和名「睡蓮」從白天開花，夜間閉合，仿如蓮花的「睡之蓮」演變而來。日本另有野生睡蓮，名為「未草」（*Nymphaea tetragona*）是出於在未時的下午兩點左右開花。睡蓮是埃及的國花，堪稱世界第一個國花。在古埃及，因其花朵隨日出呈放射狀綻開，到了傍晚再由外向內收斂閉合，被視為是太陽的象徵，受人崇拜。又，古希臘人相信睡蓮有降低性欲的作用，據說在中世紀時期，修道院的僧尼會食用以蜂蜜拌睡蓮粉做成的藥膏或口含糖，以維護貞操。花語有「純潔的心」、「清純」和「信仰」。

山黃梔

Cape jasmine

梔子・口無
Kuchinashi

山梔子
Sanshishi

原產於日本南部、台灣和中國，茜草科常綠灌木。學名*Gardenia jasminoides*，屬名*Gardenia*（黃梔屬）取自第一個記錄此種植物的美國植物學者Alexander Garden之姓氏。初夏開花，香味濃郁，和秋之丹桂、冬之瑞香並稱三大香木。在中國和日本自古食其花與果實，而果實又能入藥或是做成布料與食材的黃色染料。在歐洲，山黃梔花是為人熟知的花束與胸花素材。和名kuchinashi（口無）取自果實成熟後也不會裂開，進而產生「不開口」的聯想。另有出於花萼的形狀看起來就像長了嘴巴（kuchi）的果實（nashi）等眾多說法。乾果可入藥，是為「山梔子」（中藥名為梔子），可用於止血、消炎、解熱等。花語從成熟後也不會裂開的果實引伸出「沈默」的意思，另有「純潔」、「洗鍊」和「帶來喜悅」等含意。

山椒薔薇

Rosa hirtula

箱根玫瑰

Hakonebara

原產於日本，是薔薇科薔薇屬落葉小喬木。學名*Rosa hirtula*。屬名*Rosa*（薔薇屬）是玫瑰的拉丁語古名。在夏季會開直徑約5至6公分、淡紅色的五瓣花，葉呈長橢圓形、邊緣鋸齒狀，和名的由來即因其葉與山椒的葉相似。另一近似物種為開白花的金櫻子*Rosa laevigata*，和名naniwaibara（有時也稱naniwabara）起源於早期是從大阪的園藝店普及開來，而在前頭加了naniwa（浪速）[1]的稱呼。漢名「金櫻子」，全株可入藥，根據藥用部位分為「金櫻根」（以根皮入藥）、「金櫻葉」、「金櫻花」和「金櫻子」（以熟果入藥）等。金櫻根用於治療子宮下垂和月經不順，金櫻花可澀腸止瀉，金櫻子主治頻尿和久瀉久痢等。此外，金櫻子也具有抗菌的作用。

---

①也寫為「難波」，是大阪市上町台地以東地區的古稱。一般用來指大阪。

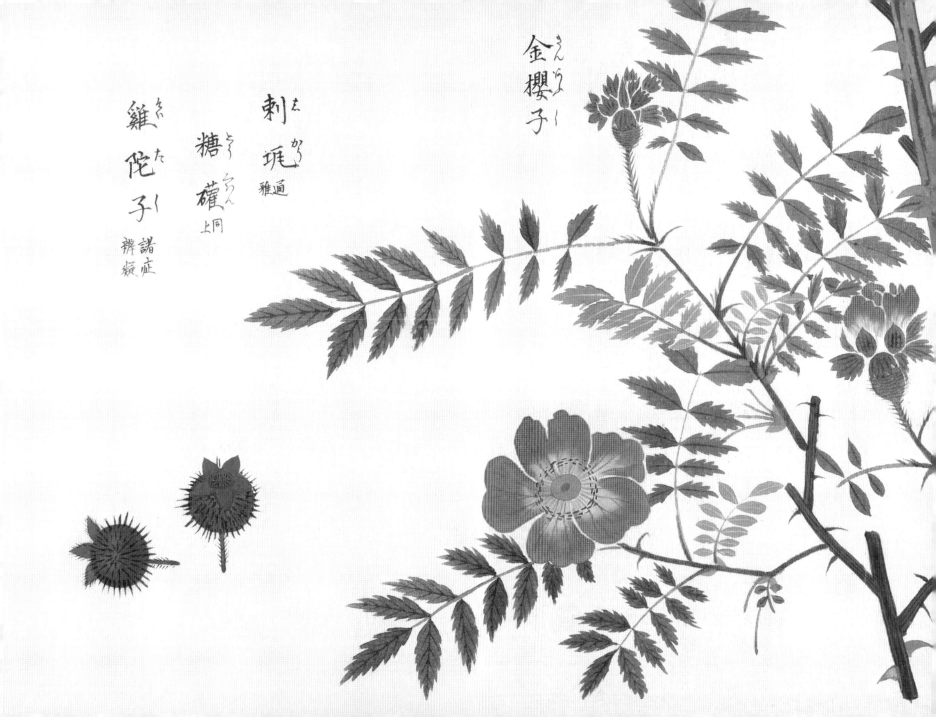

金櫻子

刺䔧
雅通

糖䕷
上同

雞狔子
諸症
辨𡻕

玉簪

Fragrant plantain lily

玉簪

Tamanokanzashi

玉簪花・擬寶珠

Giboshi

原產於東亞，天門冬科多年生草本。學名*Hosta plantaginea*，屬名*Hosta*（玉簪花屬）取自奧地利醫生兼植物學者厚斯特（Nicolaus Thomas Host）的姓氏。開白色或淡紫色花，氣味香甜。在日本江戶時代種來觀賞用。和名Tamanokanzashi取自漢名「玉簪」的訓讀，出於髮簪用途而得此名。另有一則跟名稱有關的傳說是，有個仙女取下髮簪扔給為她演奏笛子的男子做為謝禮，結果髮簪沒接好掉落在地，之後竟然從地面冒出一朵花，就成了玉簪花的由來。giboshi（擬寶珠）的別名出於花苞長得像頂立在橋兩側欄柱上的蔥頭狀裝飾，而該名稱同時也是天門冬科玉簪花屬的日語總稱，其中有一部分品種可供食用。一般認為玉簪是在1712年左右傳到歐洲的。花語表「冷靜」、「無私」和「始終如一的情感」等。

一種

なつのかんざし

瓣大ナリヤ薄ク淡緑色
花莖長大ナリヤ純白色ナリ
彫ノ開キ卯ノ葉ニ

掌裂破傘菊

Palmate umbrella plant

破傘
Yaburegasa

破兒傘
Yaburesugegasa

狐唐傘
Kitsunenokarakasa

菟兒傘
Tojisan

分布在日本、中國和朝鮮半島的菊科多年生草本。學名*Syneilesis palmata*。群生在低海拔的山林，喜歡半日照和潮濕的地方。和名「破傘」出於葉子呈掌狀深裂，看起來像破裂的傘。新芽時仿如收起來的傘，爾後葉子隨成長逐漸伸展開來，展露形似破紙傘的風情。該植物別名也多和「傘」有關，像是「破兒傘」和「狐唐傘」等。這些別名流傳於江戶時代，現在一般用「破傘」來稱之。漢名「菟兒傘」，出於看起來像小兔撐傘的模樣。夏天在伸長的莖頂端開白色花，但新芽時的模樣更加引人入勝，現多種在庭院或植盆觀賞用。此外嫩芽也可當山菜食用。

棉

Tree cotton

綿・棉
Wata

草綿
Kusawata

木綿
Momen

原產於舊世界和新世界[1]的熱帶及亞熱帶地區，為錦葵科一年生草本。屬名*Gossypium*（棉屬）。美麗的黃花或白花凋謝後會結成蒴果，在成熟時裂開，從中迸出夾雜種子在其中的白色纖維。和名除了kusawata（草綿）另有wata（綿・棉）和momen（木綿）等稱呼。漢名叫「草綿」。在印度和南美洲自古即有栽種，於西元前2500年的遺址中有綿布出土。延曆18年（西元799年）有個漂流到三河國的崑崙人把草棉的種子帶進日本但未能栽種成功，一直到15世紀中葉再度傳來，始以三河國為中心實施人工栽種，進而帶動棉織品的興盛，「三河木綿」的紡織品特產也流傳至今。草棉的高利用價值在《本草綱目》裡也有提及，棉花不但取代蠶絲和麻成為重要的紡織原料，種子也可榨成食用油。花語有「偉大」、「優秀」和「纖細」等。

---

①舊世界指亞非洲，新世界指美洲。

草綿
さぐ
め

凌霄

Chinese trumpet creeper

凌霄花
Nozenkazura・Ryoshoka

紫葳
Shii

陵苕
Nosho

原產於中國，紫葳科落葉木質藤本。學名*Campsis grandiflora*，屬名*Campsis*（紫葳屬）源自希臘語的kempe（彎曲），取自雄蕊彎曲的形狀。種小名*grandiflora*是「大花」的意思。從中國傳到日本的歷史悠久，在《本草和名》（918年）裡載其古名為「乃宇世宇」和「未加也岐」等。漢名有「紫葳」、「陵苕」和「凌霄花」。和名的nozenkazura出於「陵苕」（nosho）的轉音加註蔓生（kazura）的特性。「凌霄花」則是從花朵在空中盛開的模樣，取覆蓋天空之意而來。又花瓣末端狀似喇叭，英文叫trumpet creeper。花語從英文名和喇叭代表宣傳的形象，而有「名聲」、「名譽」和「榮譽」等意思。

①文「藤浪の 花は盛りに 成りにけり 平城の京を 思ほすや君」，大意是「又到藤花開的時候了，可讓你念起了平城京？」。

紫葳
<ruby>い<rt></rt></ruby>
のぜんかずら

枇ひ
杷ハ

枇杷

Loquat

枇杷

Biwa

枇杷木

Biwanoki

比波

Hiwa

味波

Miha

原產於中國，薔薇科常綠喬木。學名*Eriobotrya japonica*，屬名*Eriobotrya*（枇杷屬）是結合希臘語的erion（軟毛）和botrys（葡萄），源自被覆絨毛的果實像葡萄一樣結成串的模樣。初冬開白色小花，果實約在隔年夏季熟成轉橙黃色。於奈良至平安時代傳到日本，和名叫biwa的原因是葉子的形狀跟琵琶（biwa）相似，又或者是用這種樹做成的琵琶音色絕佳而仿其名。另有一說是取漢名「比波」hiwa的音讀。果實可生食，而葉子乾燥後可入藥，是為「枇杷葉」，能祛痰、止咳、止腹瀉。用枇杷葉泡澡對痱子和濕疹也具有功效。花語為「治癒」和「害羞」。

一種

らんまんぶら
とうなす　江戸

番南瓜氏　群芳譜

苗葉形状前條と同一實の形壺の如く下闊く上狭く
又圖して扁きものありきらさよりも小豎小凹凸の稜
あり皮色始め緑熟して黄色肉ムして味ひ甘く濃し
美あり此類小あるこぶうりと云あり形状同やくして小あり

南瓜

Pumpkin

南瓜

Kabocha

南京胡瓜

Nankinbobura

唐茄子

Tonasu

原產於熱帶美洲，葫蘆科一年生草本。屬名*Cucurbita*（南瓜屬）。有中國南瓜（*C. moschata*）、印度南瓜（*C. maxima*）和美國南瓜（*C. pepo*）等種類。開黃色花。16世紀時由漂流到豐後的葡萄牙船隻帶進日本，由於當時傳訛產自柬埔寨（Cambodia），才會演變成現在kabocha的稱呼。別名bobura是從葡萄牙語的南瓜（abóbora）轉變而來。果實營養豐富，能預防感冒、貧血、癌症、高血壓、心肌梗塞和眼睛疲勞。鬆軟帶甜的口感從江戶時代起就名列女性四大喜好之中——戲劇、蒟蒻、芋頭、南瓜。現在也是家庭料理常見的食材。種子乾燥後可入藥，是為「南瓜仁」。花語有「包容」、「寬大」、「廣大」和「廣潤」等。

絲瓜　へちま　いとうり　ふくうり〔薩〕

紡線縷　絲瓜〔名通〕　天羅絮如絮群芳譜

春月種を下して生に蔓延て竹木て行ふ葉は胡瓜の
葉小似て五七尖あり花に壷盧に似てゆく黄色に
て葉小攢旋れ壷盧小似て長さ二尺餘皮の中肉を
くる緑色にて色く緑色肥の小ある時塩さ藏一食
く或は味噌を點し熱して食をとり米泔水に
小浸し肉をさり履の底に入れ又物を洗ふちゐ田
八月の望の殘不根の上を一尺餘小切甕の中に狹し置
に水出つ此をへちまの水と云此を附方に絲瓜汁と云
りうもと瘀小用て切あり

絲瓜

Sponge gourd

糸瓜

Hechima

絲瓜

Itouri

長瓜

Nagauri

原產於南亞地區，葫蘆科一年生攀援草本。學名*Luffa aegyptiaca*。黃色花瓣和垂掛枝頭的大圓柱狀果實，令人留下深刻的印象。漢名「絲瓜」，和名原本叫touri，據說是因為開頭「to」在學習假名用的伊呂波歌裡排在「he」和「chi」的中間而成了hechima（ma是「間」的發音）。江戶時代初期傳到日本之後在民間盛行栽種。鮮嫩的果實可食用，成熟後內部形成網狀纖維，可拿來做菜瓜布。用途之廣，以致家家戶戶都種植絲瓜，成了江戶的風物詩。此外，從藤蔓採集到的絲瓜水具護膚效果，可當化妝水使用，其收歛效果對曬傷的肌膚也可起到鎮靜的作用。漢方名「絲瓜」，用於止咳止痰、利尿和消除腫脹等。花語是「滑稽」。

香蕉

Banana

甘蕉
Kansho

實芭蕉
Mibasho

芭蕉
Basho

起源於東南亞地區，芭蕉科植物。學名*Musa × paradisiaca*。夏秋之間伸出彎垂的、具淡黃色小花的穗狀花序。果實長約10～15公分，熟時呈土黃色。漢名有「甘蕉」和「芭蕉」，和名「實芭蕉」取自長果實的芭蕉之意，現在一般用英語的banana來稱呼。該類植物的食用記錄可追溯到史前時代，在印度的阿旃陀（Ajanta）石窟裡留有香蕉樹的壁畫。在印度傳說裡，芭蕉是為獻給亞當的果實而有「樂園的果實」[1]之稱。在日本，主要拿來生吃；在其他地區，尤其是熱帶地方，也有調理後食用的吃法。香蕉富含容易被人體吸收的醣，是為人熟知的速效能量補充食材，具有提高免疫力、預防高血壓、消腫和改善腸道環境的功效。

---

[1]此說法可能是古代傳說在歷史流變中產生的誤會。也有香蕉才是伊甸園中的禁果之說法。

甘^く蕉^{せう}

ミユサ鱹 バナゝ蘭荷

元和産なり、暖國の産なり甘蕉苟蘭物切蛇小寫里
あるなり、其形圖の如く水蕉小黒るしゝか、但貴を結ぶ是小
二冨なり貴の形羊用の如く長くして尖ぅゝゝゝ助ち羊

杏

Apricot

杏・杏子
Anzu

加良毛毛・唐桃
Karamomo

據稱起源於中國或者印度，薔薇科落葉喬木。學名*Prunus armeniaca*。傳到日本的年代不明，但應該相當久遠。《萬葉集》裡載其名為「加良毛毛」（karamomo），在日本現存最古老的本草書籍《本草和名》裡則假借「杏子」兩字來標示。至於現在的唐音讀法anzu，是在江戶時代以後才形成的。該植物傳到歐洲的時間是在西元前1～2世紀從中國經中亞抵達希臘和義大利。有部分學者認為聖經裡的「金色蘋果」指的是黃色的杏果。曬乾後的種子可入藥，漢方名為「杏仁」（中藥名為苦杏仁），用於止咳。果實除了生吃，也可做成果醬或釀成杏仁酒。花期在3～4月，早櫻花一步，從含羞待放的模樣衍生出「少女的羞澀」之意。

白杏解集

ちろあんず

形状同クして
実大ニ熟して
黄色少シ

沙杏解集
ちやあんず

形状同クして花千弁菊花
の如く実を結ふを希れ
南山の説小斉芳譜の沙
蜜ニ似て汁多く即世
称生処の水杏シて
ツ杏梅ハ椪梅ニ似て
備く後祖ニ桃梅ふ
比ス ニ梅ニより大ひく
仁ニ梅仁より大ひ
薬用生ニ一四國より
出に願バ杏仁ハ甜く
江戸ゟまるむきるめ
とらふ

杏
あんず

無_む花_く果_わ花_く

無花果

Common fig

無花果

Ichijiku · Ichijyuku

唐柿

Togaki

南蠻柿

Nanbangaki

原產於地中海地區、西亞至阿拉伯南部，桑科落葉灌木或小喬木。學名*Ficus carica*，屬名*Ficus*（榕屬）是拉丁語中的「無花果」之意。以人類最早栽種的果樹聞名。17世紀時在日本的長崎上陸，和名ichijiku從中文「映日果」（波斯語anjir的音譯名）的發音轉變而來。另有一說是源自每日每月各有一個果實成熟的「一熟」（ichijiku）。無花果有許多種子，在古埃及被視為豐穰的象徵。此外，有學者認為亞當和夏娃所吃的禁果應是無花果。果實可生食、做成糖漬無花果和果醬等。果實和葉子具有藥效，「無花果」可治便祕，「無花果葉」可治神經痛。花語是「多產」和「碩果累累的愛」。

なりぶっな

日本續斷

Japanese teasel

山芹菜
Nabena

羅紗搔草
Rashakakigusa

續斷
Zokudan

在日本、中國、朝鮮半島原產，忍冬科二年生或多年生草本。學名*Dipsacus japonicus*，屬名*Dipsacus*（續斷屬）源自希臘語的dipsao（乾渴、渴望），出於葉子儲水的模樣①。植株高1～2公尺，莖的末端開淡紅色管狀花、密集呈頭狀花序。和名nabena的語源不明，在江戶時代末期的《本草綱目啟蒙》裡標註為「山芹菜」，引發食用的聯想，卻沒有料理的相關文獻記錄，因此名字來源始終不明。別名「羅紗搔草」源自乾燥後的果穗可拿來當呢絨織布（日語叫羅紗）的起毛工具。漢名「續斷」是取可把折斷的骨頭接起來的意思。在日本一般用英文名teasel來稱呼。以果實入藥，中藥名為「北巨勝子」，可治腰痛，亦能減輕腫脹的疼痛。

①對生的葉片基部，在莖上癒合成的杯狀構造。

瞿麥

Fringed pink

撫子

Nadeshiko

河原撫子

Kawaranadeshiko

常夏

Tokonatsu

瞿麥

Kubaku

原產於歐洲和北亞，石竹科多年生草本。屬名*Dianthus*（石竹屬）是希臘語dios（宙斯的）與anthos（花）的意思，意為神之花。歐亞和非洲部分地區有約300種石竹屬植物自然分布，日本自生的品種則有「河原撫子」、「信濃撫子」、「藤撫子」和「姬濱撫子」[1]等，夏秋之際開淡紅色花。在《萬葉集》裡稱為「瞿麥」、「石竹」和「牛麥」等，卻無「撫子」一詞，後者據傳是後人把花比擬成愛子而來。又「大和撫子」是用來稱讚日本女性之美，原是為了與中國原產的石竹[2]做區別而有此稱呼。種子可入藥，是為「瞿麥子」，煎湯服用可利尿並具有消炎的作用。花語表「純真的愛」和「貞節」等。

---

[1]「河原撫子」學名*Dianthus superbus* var. *longicalycinus*，中文叫「長萼瞿麥」。「信濃撫子」學名*D. shinanensis*。「藤撫子」學名*D. japonicus*，中文叫「日本石竹」。「姬濱撫子」學名*D. kiusianus*。

[2]學名*Dianthus chinensis*，日文叫「唐撫子」。

一種　大坂かてしな

又伊勢かてしなともいふ花大よりしてうつくしきいろなり又たけ長く紅白又汝監色紅白絞り和菜等の栽品色紅白絞り和菜等の栽品ゆう此物実う生れ時珍とかう此物実う生れ時珍とかうくろの洛陽花かう又瞿麦くところの洛陽花かう又瞿麦く

一種　せんるてこ石竹と同物とまうハ誤り多たと通雅の辨ひ

石竹通名
一名
大南竹
齊志
海辺の砂地る宜し江戸本所るも多栽白花色多草花譜の紅麦の趣句

一種　せんるてこ

一種　ソてうん又てろかてしそそてそ

土木香

Elecampane

木香
Mokko

青木香
Aomokko

原產於歐亞大陸，菊科多年生草本。學名 *Inula helenium*。在希臘神話中，這種植物從特洛伊的海倫落下眼淚的地方長出，其種小名語源即為 Helen 拉丁化締造而成。其地下具有肥大的根，地上莖高大而多分枝，碩大，金黃色，寬達5公分的頭狀花序生於花莖頂端。在歐洲以具有發汗、利尿、祛痰的功效聞名。根具有強烈的芳香，乾燥後可入藥，是為「土木香」，具健胃的藥理作用，主治嘔吐、下痢、腹痛和食欲不振等症狀，在法國和瑞士，也用於製作苦艾酒。現在廣泛於中國栽種做為藥用。

木香　おほぐるま　和称　アランツ　ウヲルトル　和蘭

唐種の物山城丹後等ニて作る今處々ニ多く藥ニ紫菀ニ似て長大淡緑色背ハ白色を帯ひ並高さ五六尺花黄色旋覆ニ似て大なり根ハ蒴ニ似て枝多く肥大なり大なるハ圍り三四すんにも至り稍香ひて辛味ありて苦味薄し舶来木香の如き功ハ無れとも藤頒の説ニ葉似羊蹄而長大花如菊花とうのあり取是なり但氣味ハ土地ニ従て劣らん處あらん

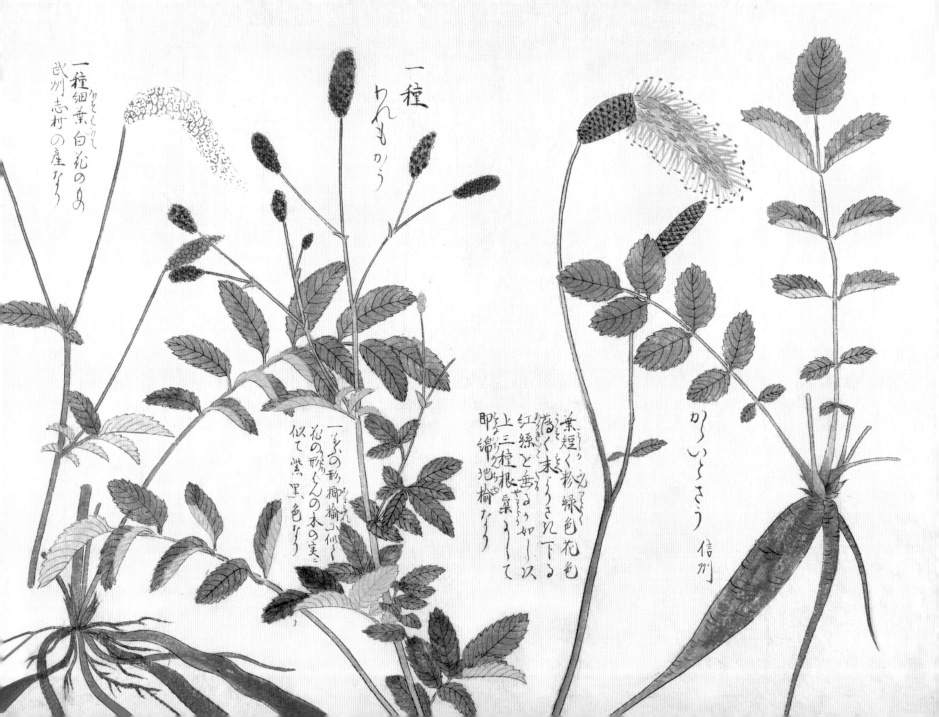

一種細葉白花のみ
武州志村の産なり

一種
われもかう

かういさう　信州

葉短く粉緑色花色
濃く末うすく下る
紅緑と垂るゝなり以
上三種根葉うして
即綿地榆なり

一つは花の形榆小何と
花の形榆の木の実に
似て紫黒色なり

地榆

Great Burnet

吾亦紅・吾木香

Waremoko

地揄

Jiyu

廣布於北半球的溫帶地區，薔薇科多年生草本。學名*Sanguisorba officinalis*，屬名*Sanguisorba*（地榆屬）在拉丁語是「吸血」的意思，其根在民間被用做止血藥。種小名意指「有藥效」。開暗紅色小花，因莖葉有芳香而取名waremoko，寫做「吾木香①」之外，另有「吾亦紅」和「我毛香」等寫法的關係，確切名稱來歷不明。佇立風中的獨特姿態，自古被視為秋日的代表性植物，多見於和歌和俳句裡。以乾燥後的根入藥，是為「地榆」，具止血的功能。鮮嫩的葉子亦可食用。花語表「愛慕」、「變化」、「流逝的歲月」。

---

①另有說法是吾木香指日本的木香，木香為印度原產菊科的根部，而地榆的根形似木香故得此名。

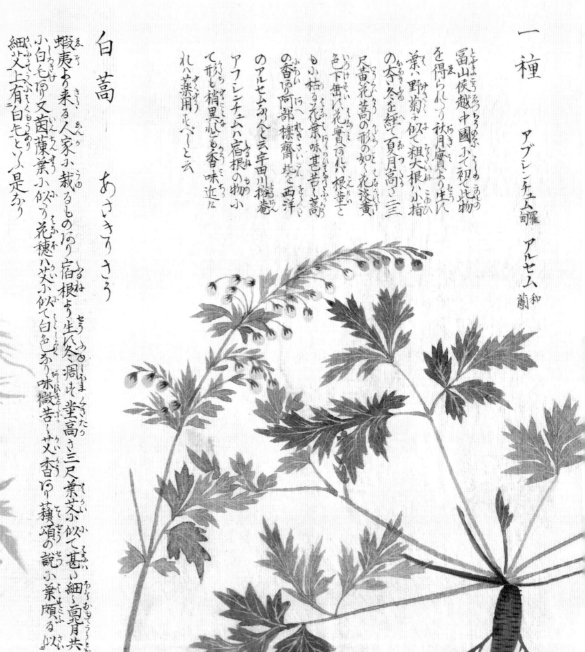

一種　アブレンチュム阿羅　アルセム蘭和

とやまこうえつちゅうこくふしてこれもの
冨山候越中國ふして初てこの物
をえられつ秋月實よりも生に
葉野菊ふ似て粗大根ふ小指
の本ふ冬を經て夏月高さ三
尺黄花蒿の形の如く花淡黄
色下缸ふ花質ふ北根莖と
も小枯る花葉味甚苦し蒿
の香ふ阿部棟齋北と西洋
のアルセムかんと云牟田川橋巻
アフレチュムハ宿根の物小
て形も稍里ふ共も香味近ふ
れハ藥用北へと云

白蒿　あさきさう

蝦夷より來る人家ふ栽るもの
小白毛ふり又茵蔯葉ふ似う花穂
細艾上有泊白毛とふ是なり

白蒿　あさきさう

細く青青共
蝦夷より來る人家小栽るものふり宿根より生ふ冬凋け葉高さ三尺葉茎ふ似て甚ふ細く青青共
小白毛ふり又茵蔯葉ふ似う花穂ハ艾ふ似て白色ふり味微苦し艾香ふり藥頌の説小葉頌る以
細艾上有泊白毛とふ是なり

朝霧草

Silvermound

朝霧草
Asagiriso

白山蓬
Hakusanyomogi

原產於日本本州（北陸、東北）、北海道、庫頁島和南千島群島。菊科多年生草本。學名*Artemisia schmidtiana*。高15～60公分，枝葉覆滿白色絹毛，在綠葉的襯托下呈美麗的銀綠色。秋天開淡黃色小花，但枝葉帶有銀色世界的聯想之風采更令人喜愛。生長在高山與海岸的岩石處，由於植於庭中當花木或做成盆栽拿來觀賞用也頗有人氣的關係，現在也有人工栽培。和名「朝霧草」出於覆蓋地面的植株看起來像朝霧，別名「白山蓬」也是出於類似的聯想。也許就是彷如高山迷霧的夢幻身影，為它帶來了花語「復甦的回憶」，另有「愛慕之心」和「造作」的意思。

Autumn

牽牛花

Japanese morning-glory

朝顔
Asagao

牽牛子
Kengoshi

牽牛
Kengyu

鏡草
Kagamigusa

原產於南美，旋花科一年生蔓性草本。學名*Ipomoea nil*，屬名*Ipomoea*是希臘語ips（蠕蟲）+homoios（像），意指捲曲纏繞的莖。種小名是阿拉伯語「藍色」的意思。奈良時代以藥用植物從中國經朝鮮半島傳到日本。和名asagao（朝顏）出於晨間開花的習性，該名稱同時也是擁有同一習性的花類總稱，包括旋花、桔梗和木槿等在內，自古也以asagao稱之，一般認為《萬葉集》裡的「朝顏」在現代指的應該是桔梗。以乾燥後的種子入藥，是為「牽牛子」，具瀉藥和利尿的作用。據傳「牽牛子」的名稱來自於藥的價值等同牽一頭牛回家。花語表「與君結合」以及「轉瞬即逝的愛情」。

えん　　せん　か
旋花　ひるがほ

一種　纏枝牡丹　八種
　　　　　　画譜

八重のひるがほ

旋花

Hairy false bindweed

畫顏

Hirugao

顏花・貌花

Kaobana

旋花

Senka

分布在日本、中國和朝鮮半島，旋花科多年生蔓性草本。學名 *Calystegia pubescens*，屬名 *Calystegia*（濱旋花屬）源自希臘語的 calyx（萼）與 stege（覆蓋），意指包圍花萼的苞片。開淡粉紅色或白色花，莖會盤著欄杆和其他植物生長，屬纏繞性草本。午間開花的旋花，和名「畫顏」，是相對於清晨綻放的「朝顏」（參見 P.154）以及傍晚盛開的「夕顏」[1]所取。花可拌醋食用，地下莖可做成山菜。開花時整株可經乾燥後入藥，是為「旋花」，具利尿和消除疲勞的效用，亦可用於神經痛。花語表「溫柔的愛」、「牽絆」和「友誼」，在法國則有「不貞」與「危險的幸福」之意，藉由旋花會纏繞其他東西的特性來比喻人妻在日間出軌的行為。

---

[1]學名 *Lagenaria siceraria*，中文叫扁蒲（葫蘆）。

藿香

Korean mint

川綠・加波美止利

Kawamidori

排草香

Haisoko

分布在日本和東亞，唇形科多年生草本。學名*Agastache rugosa*。生長在溫帶到暖溫帶的山地和草原等。花呈淡紅色到淡紫色，在莖的頂部聚成5～15公分左右的穗狀花序。關於和名kawamidori（川綠）的由來，流傳著包括葉子生長茂盛導致濕地呈一片綠色，以及整株可入藥的關係，取表皮的kawa和內在的mi，加上煎服飲用的dori，成了kawa-mi-dori等說法，但無確切根據。另有假借漢字寫成「加波美止利」的古名。藿香自古便是民俗藥材，除了「藿香」，日本漢方又名「排草香、藿菜」，在開花期間採集整株曬乾後煎煮，當成芳香性健胃藥和感冒藥飲用，主治食欲不振、消化不良、下痢和頭痛等症狀。

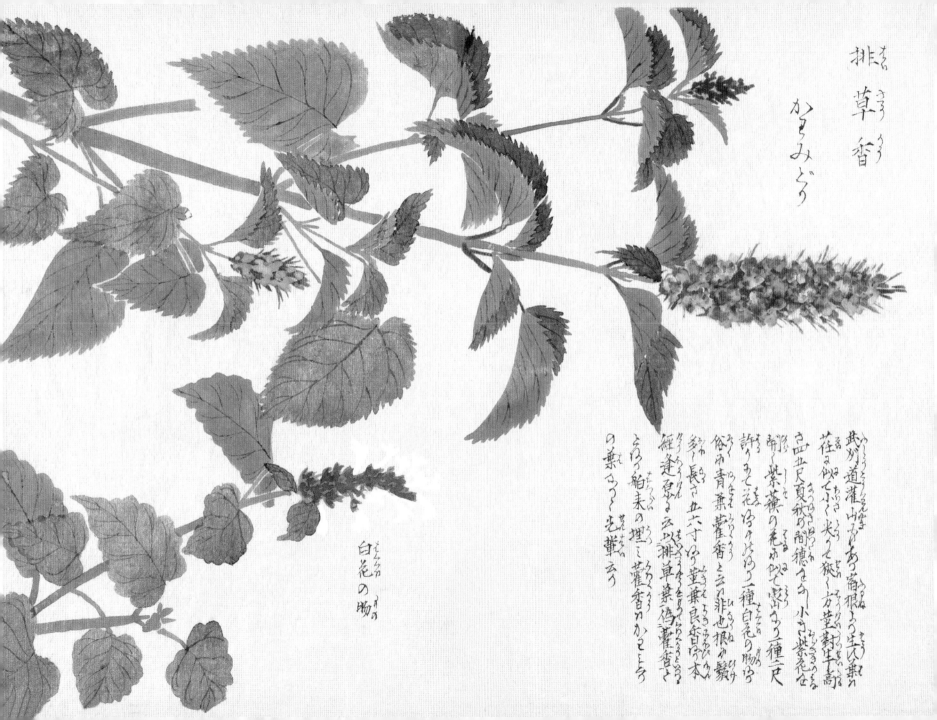

排草香
かうみどり

白花の物

武州道灌山かたあり宿根より生じ葉
往々似てふとく大くして猴く方莖對生上高
さ四五尺夏秋が間穂なす小さ紫花を
開く紫蘇の花がたで密なる一種二尺
許まて花ぶかぬあう白花り物あり
俗の青葉藿香と云非也根々繁
多く長さ五六寸莖葉良質のもの本
經逢原を云此排草藥偽かと云う
とうろ粕末の埋て藿香かとらう
の葉そうて先葉云う

紅花石蒜

Red spider lily

彼岸花
Higanbana

石蒜
Sekisan

曼珠沙華
Manjyushage

地獄花
Jigokubana

中國原產，石蒜科多年生草本。學名 *Lycoris radiata*，屬名 *Lycoris*（石蒜屬）源自希臘神話裡的女海神呂科里阿斯（Lycorias）之名。種小名 *radiata* 是「放射狀的、四面散開狀的」意思，表其花朵在花莖頂端開展之狀。紅花石蒜被認為在史前時代就已經傳到日本，和名「彼岸花」出自其於秋分之際綻放鮮豔的大紅色花朵。別名「曼珠沙華」取自法華經的「摩訶 曼陀羅華 曼珠沙華」，在梵語是「大的」、「曼陀羅」、「紅花」的意思。另有 jigokubana（地獄花）和 kitsunenokanban（狐狸看板）等多種名稱。紅花石蒜為有毒植物，過去多種在田邊以防鼴鼠和老鼠危害。須慎防誤食引發中毒的危險。另一方面，紅花石蒜也是藥用植物，名為「石蒜」，搗碎外敷用於消腫和舒緩肩膀酸痛。花語有「熱情」和「悲傷的回憶」。

石蒜　ひがんばな　せきさん

一種　きつねのかみそり

一種　白花の　きつねの　かみそり

春葉としてよし四五月に枯れ六
月花のこしをひらき形萱草花に
似て小く深けれども小く深し赤色なり
時珠説こころの鐵色箭これなり

秋葉としひ水仙に似て癖て硬く
深緑色夏至て枯秋小くして花
のこしをして六辨赤色の花あつまりて
傘状とをひ根ハ水仙の如く皮黒し
白花のものと銀燈花と云ふ

蓮

Lotus

蓮

Hasu・Hachisu

蜂巢

Hachisu

芙蓉

Fuyo

廣布在印度、中國、波斯、澳洲和日本，蓮科多年生水生草本。學名*Nelumbo nucifera*，屬名*Nelumbo*（蓮屬）是斯里蘭卡對「蓮」的稱呼。種小名*nucifera*是「長有堅果」的意思。在日本自古根據花托的形狀稱為hachisu（蜂巢），後簡略成hasu，不僅在《古事記》和《萬葉集》裡登場，在《常陸國風土記》（723年）裡也留下食用蓮藕的記錄。進到江戶時代以後也盛行栽植觀賞用。以根莖和葉入藥，用於消炎。種子亦具有滋養強壯的效用。蓮花出淤泥而不染，象徵清純美麗，在希臘神話裡是海神涅普頓（Neptune）之女，在印度和中國是釋迦的化身。花語有「神聖」和「雄辯」等。

木槿

Rose of Sharon

槿・木槿
Mukuge

木蓮・木波知須
Kihachisu

原產於中國和東南亞，錦葵科落葉灌木。學名*Hibiscus syriacus*，屬名*Hibiscus*（木槿屬）是俗稱藥蜀葵（*Althaea officinalis*）的植物在古希臘語裡的稱呼（ibískos）。種小名是「敘利亞的」意思。花開淡紅色、白色與淡紫色等。在平安時代以前就已傳到日本，曾於室町時代成為禁花，到了江戶時代又以裝點茶室的茶花登堂入室。木槿是韓國國花，關於和名mukuge的由來，有一說是源自該植物在朝鮮半島的稱呼「無窮花」的訛音，另有從漢名「木槿」轉音而來的說法。別名kihachisu（木蓮）則是出於跟蓮（參見P.161）一樣具有早晨開花、傍晚閉合的習性。以白色花蕾和莖皮入藥，前者名為「木槿花」，乾燥後可做成胃腸藥；後者叫「木槿皮」，用來治療香港腳。花語有「尊敬」、「信念」和「永恆之美」等。

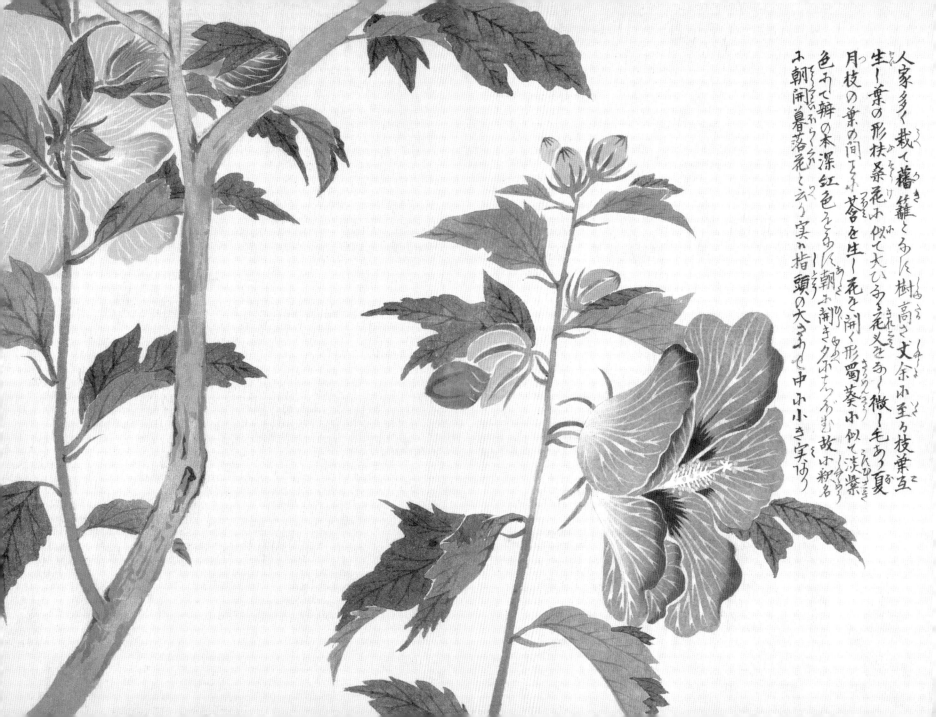

人家多く栽て藩籬とするに樹高さ丈余小至る枝葉互
生し葉の形状桑花小似て大ひろく花义をあり微し毛あり夏
月枝の葉の間より萼を生し花を開く形蜀葵小似て淡紫
色ふて辮の本深紅色とるふに朝小開きタ小すゞむ故小釈名
ふ朝開暮落花と云ふ実り指頭の大さふて中小小き実ふり

紫珠

Purple beautyberry

小紫
Komurasaki

小紫式部
Komurasakishikibu

小式部
Koshikibu

紫珠
Shishu

分布在日本（岩手縣以南的本州、四國和九州）、朝鮮半島、台灣和中國，唇形科落葉灌木。學名*Callicarpa dichotoma*，屬名*Callicarpa*（紫珠屬）在希臘語意指「美麗的果實」。開淡紫色小花，結美麗的紫色果實。和名「小紫」和「小紫式部」出於跟同屬的「紫式部」[1]外觀相近但植株較小。「紫式部」的稱呼是出於紫色果實令人聯想到平安時代中期作家兼歌人的美麗女性紫式部。一部分的同屬植物也常以「紫式部」的名稱栽種。紫珠的花、葉與根具有藥效，曬乾後可入藥，是為「紫珠」，日本產的稱為「和紫珠」。前者用於收斂止血與清熱，後者用於解毒。花語是「聰明」和「懂得如何被愛」。

[1]學名*Callicarpa japonica*，中文叫女兒茶。

紫珠解集

こむらさき

むらさき 州播
名あり

さめ〳〵のき 尾州同
名あり

山中に生じ枝葉對生し葉
の形桃葉衛矛に似て淡緑
色鋸鋸歯あり真夏の間
十五辮の小紫花を簇開に
後凹き実を結ど初め緑
色秋後に至り熟し紫
色となる形南燭の実
の如き葉枯落ち実
いよ〳〵美なり

一種

むらさき

むらさき

むらさき

むらさき

たまむらさき とめつき.

花実の形状きむらさき
の如く熟し葉の形状同らて
大ひなり

油點草

Toad lily

杜鵑草・油點草

Hototogisu

日本原產，百合科多年生草本。學名*Tricyrtis hirta*，屬名*Tricyrtis*（油點草屬）是希臘語treis（3）和kyrtos（隆起）結合而成，出於外輪3枚花被基部有突起的距。從東亞到印度之間已知的油點草屬植物約20種，其中有半數左右分布在日本。在江戶時代留有庭園造景植栽紀錄。花開朝上，白色花瓣綴滿深紫色斑點，狀似杜鵑鳥胸前的斑紋，因而稱為hototogisu（杜鵑草）。別名「油點草」也是出於葉片上仿如油漬的斑點。英文Toad lily的toad，是蟾蜍的意思。花語「永遠是你的」，可能出於從夏到秋一心一意綻放活力的模樣。

---

①文「藤浪の 花は盛りに 成りにけり 平城の京を 思ほすや君」，大意是「又到藤花開的時候了，可讓你念起了平城京？」。

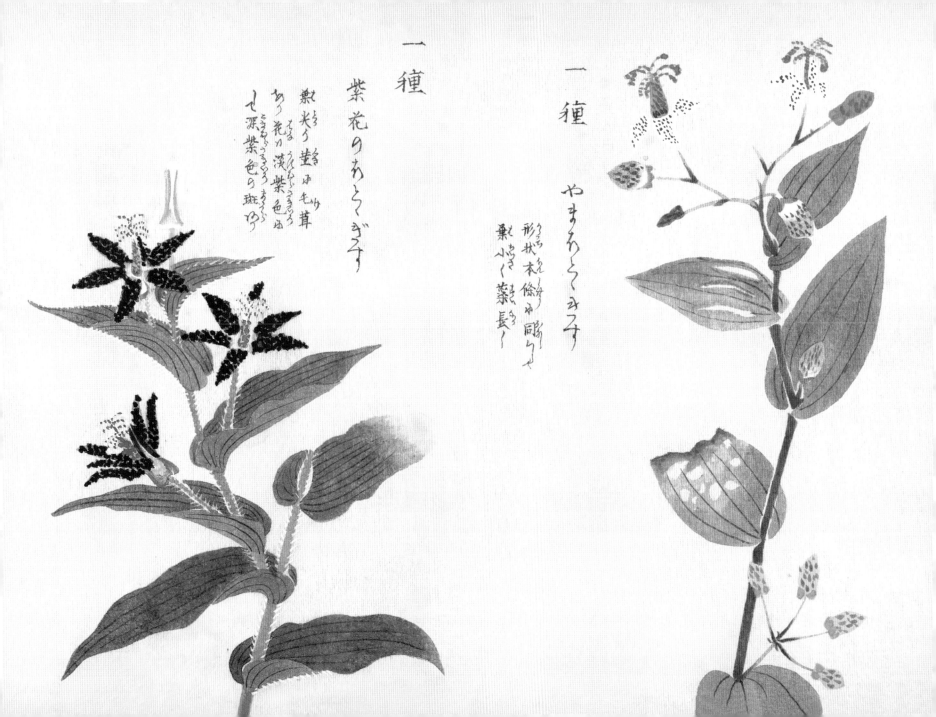

一種

やまほとゝぎす

形状本條ゆ同らや
葉小く葉長く

一種

紫花のほとゝぎす

敷形光り堇少毛茸
あり花の淡紫色に
て深紫色の斑いり

葛藤

Kudzu

葛
Kuzu

葛蔓
Kuzukazura

葛葉蔓
Kuzuhakazura

裏見草
Uramigusa

分布在日本、台灣、中國和朝鮮半島，豆科多年生落葉藤本。學名 *Pueraria montana* var. *lobata*，屬名 *Pueraria*（葛藤屬）是根據瑞士植物學者 Marc. N. Puerari 的姓氏命名。在《萬葉集》山上憶良的和歌中，葛藤與芒和黃花龍芽草並列為秋之七草[1]。和名 kuzu 源自大和國的吉野有個生產葛粉的地方叫國栖（Kuzu），葛粉的原料即葛藤，該植物名稱因而從 kuzukazura（意指國栖的蔓藤植物）簡化成 kuzu，再假借「國栖」或「葛」的漢字來表示。由於風吹可見葉表反面的蒼白色，又名「裏見草」。以根入藥，是為「葛根」，用於治療感冒、下痢症狀和解熱。葛藤的新葉與嫩芽還可做成燉菜、花可拿來炸天婦羅、葛粉可做成葛切或煮葛根湯等具食用價值之外，莖纖維也能用來織布，用途很廣。花語有「治療」、「堅定的內在」和「愛的嘆息」等。

---

[1] 秋之七草為「萩、尾花、葛、撫子、女郎花、藤袴、桔梗」，對應中文分別是山胡枝子、芒、葛藤、瞿麥、黃花龍芽草、佩蘭和桔梗。在山上憶良的和歌裡最後一項寫為「朝顏」，在現代指為桔梗（參見P.152）。

葛
くっ

くぞ

桔梗

Balloon-flower

桔梗
Kikyo

阿利乃比布岐
Arinohifuki

盆花
Bonbana

原產於西伯利亞、中國、日本和朝鮮半島，桔梗科多年生草本。學名 *Platycodon grandiflorus*，屬名 *Platycodon*（桔梗屬）是希臘語 platys（寬廣）和 codon（鐘）的意思。桔梗是讓秋季繽紛多彩的「秋之七草」之一，萬葉歌人山上憶良所詠的「朝顏」所指為桔梗的說法已成定論。和名 kikyo 源自漢名「桔梗」音讀的變化。一般開藍紫色花，具有遇到酸會變成紅色的特性[1]，被螞蟻咬蝕之後，花瓣會因螞蟻口中的蟻酸變成紅色，因此古名叫「蟻火吹」（arinohifuki）。桔梗做成藥材可用於治療扁桃腺炎、慢性鼻竇炎和中耳炎等。花語有「不變的愛」、「誠實」和「順從」等含意。

[1] 此為花青素（anthocyanin）在不同酸鹼值中所呈現的顏色變化。

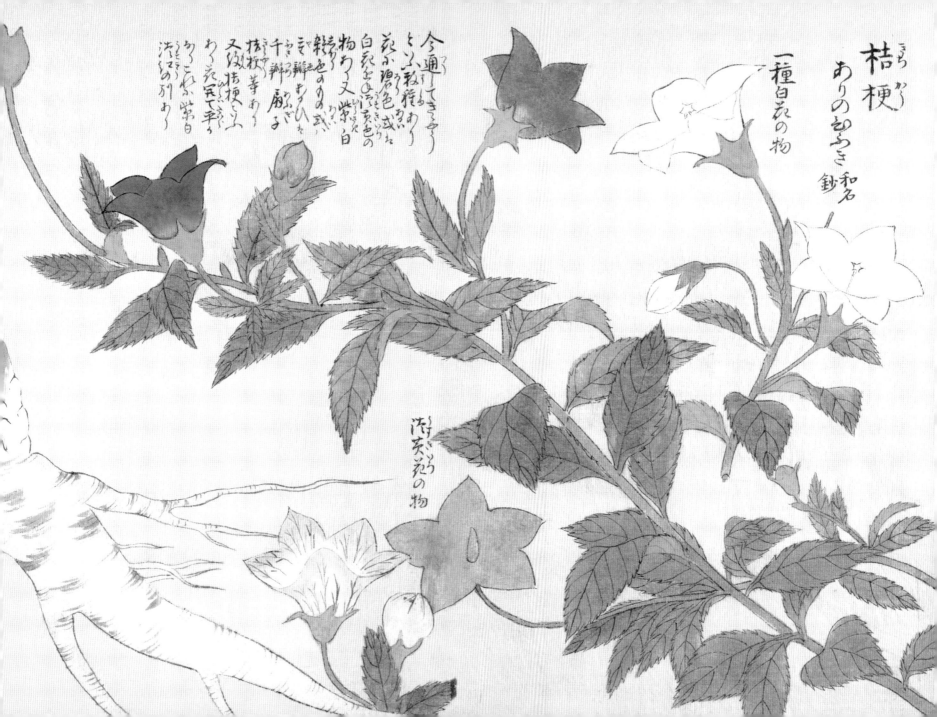

桔梗 ききやう

ありのむしろき 和名

一種白花の物 鈔

今通行てきゝやう
とふ教猶あり
花ぶ碧色或は
白花をと淡黄色の
物ちゝ又紫白
錦色のり式
き又一輪もあり
千葉扇子
ぶ或一輪
枝梗筆あり
又攺枝梗と込
わく花宮で平ち
もくこれぶ紫白
とふ洗紅の別あり

付きゝう
淡紫花苑の物

芒

Chinese silvergrass

芒
·
薄

Susuki

尾
花

Obana

茅
萱

Kayakaya

家
萱

Yagaya

分布在日本、台灣、中國和朝鮮半島，禾本科多年生草本。學名*Miscanthus sinensis*，屬名*Miscanthus*（芒屬）源自希臘語的Mischos（莖）和anthos（花）。打從萬葉時代起就是代表秋天的七草之一。和名susuki的susu是長得快，ki是草木的意思，說明了芒的葉子生長快速。漢名「薄」，取自草木茂盛的姿態，別名「尾花」則是出於圓錐花序看起來像獸類的尾巴。芒自古以秋日風景之姿被收錄在藝術和文學作品裡，時而被圖象化用做家徽，亦是編織茅草屋頂的原料和用來餵食家畜等的飼料，與人類生活息息相關。有學者認為芒在古時是中秋祭典裡用以守護收成的作物免於災害與惡靈侵襲、祈求隔年豐收的植物。花語有「活力」、「生命力」和「無悔的青春」等。

一種

たゝのそすゝ

一種

芒^{だう}

すゝき

王瓜

Snake gourd

烏瓜・王瓜
Karasuuri

玉章
Tamazusa

狐枕
Kitsunenomakura

廣泛分布於南亞至東南亞，葫蘆科多年生攀緣性草本。學名*Trichosanthes cucumeroides*，屬名*Trichosanthes*（括樓屬）是希臘語thrix（毛）和anthos（花）所結合。種小名是「長得像黃瓜屬植物」的意思。別名「玉章」意指書信，取自種子長得像折疊後打成結的信籤。關於和名karasuuri的由來，有一說是熟時轉橘紅色的果實就好像烏鴉（karasu）吃剩不要的，另有長圓形果實的形狀與顏色跟自古從中國傳來的朱墨「唐朱」（karasu）的鑛石原料外觀相似而得此名等說法。根與種子可入藥，是為「土瓜根（又名王瓜根）」與「王瓜仁」，前者具利尿、通經和催乳的效用，後者用於祛痰止咳。熟果搗碎後可拿來治療凍瘡、皮膚皸裂或因皸裂引起紅腫出血的症狀等。花語除了「好消息」和「誠實」，另有「憎恨男性」的意思。

王瓜

菊
花

Florist's daisy

甘
菊

Amagiku

料
理
菊

Ryorigiku

中國原產，菊科多年生草本。學名*Chrysanthemum × morifolium*，屬名 *Chrysanthemum*（菊屬）意指「金色的花」。和名源自漢名「菊」的讀音。在中國，菊被視為長生不老的妙藥，做成菊花酒飲用。能樂裡名為〈菊慈童〉的劇目，取自中國周朝被流放到南陽的慈童，在當地飲用菊花水而得以長生不老的古老傳說。《和漢三才圖會》（1713年）裡留有仁德天皇時代裡百濟進貢五種菊花的紀錄，是日本跟菊花有關的最古老文獻。平安時代裡宮中流傳著重陽節飲用菊花酒，祈願消災的習俗。到了江戶時代開始栽種適合食用的菊花，取名「料理菊」。花語有「高貴」、「高潔」、「真愛」、「美好的夢」、「挫敗的愛」等。

甘菊　きく

りうりきく

一種
花瓣平らて
まるきもの

甘ん菊きく

秋菊の類ふして高さ三四尺九月花ひらり瓣筒様ふして黄色千葉心ひ一瓣の木
筒ふて求立つ切らるのふ味ひ甜く薬用食用とりふよ塩蔵ふて久く色味ひ
爽せさるゆへ此種を壽命菊くふ

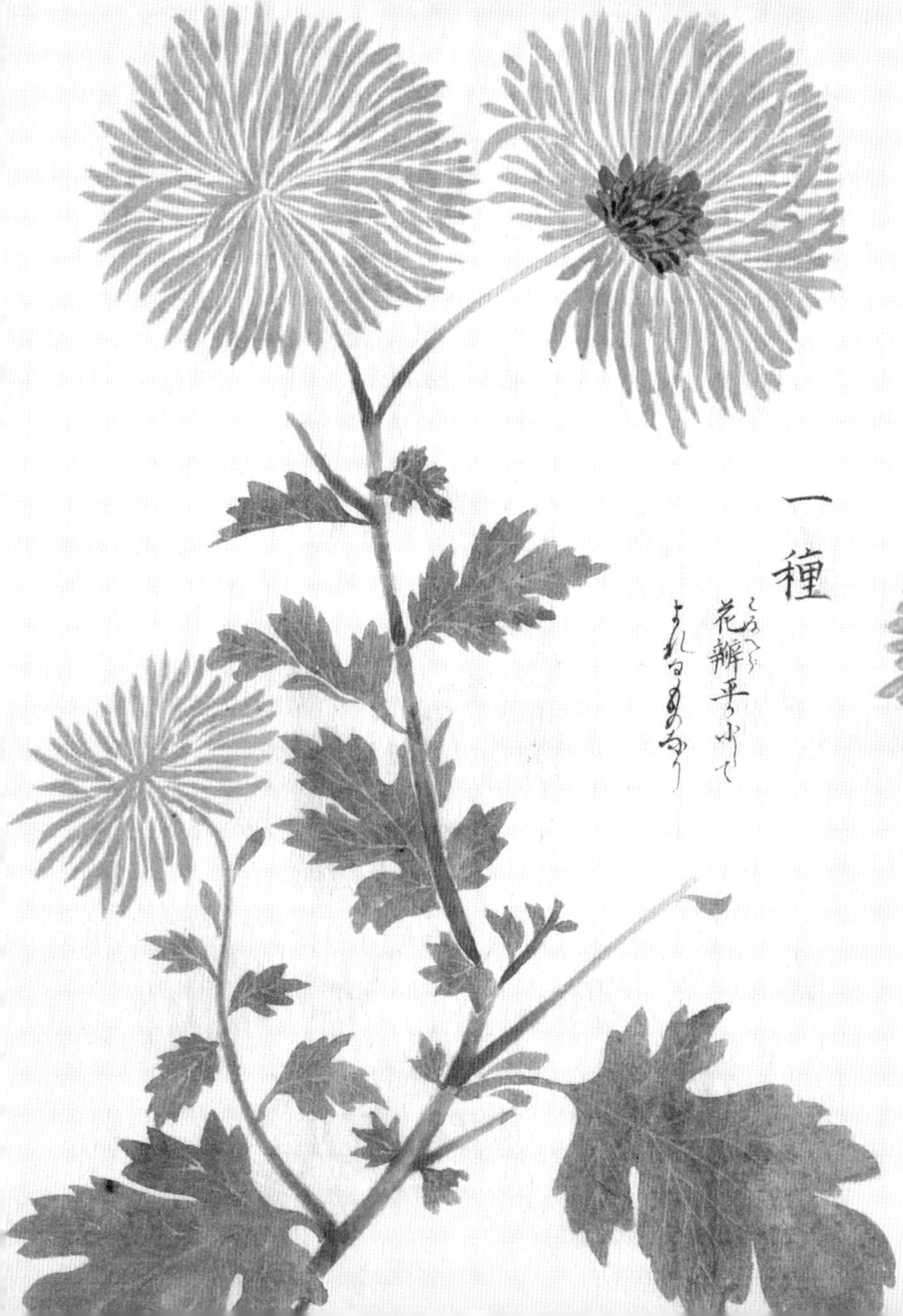

龍膽

Japanese gentian

龍膽

Rindo・Ryudan

龍澹

Rindo

苦菜

Nigana

分布在日本本州、四國、九州，龍膽科多年生草本。學名*Gentiana scabra* var. *buergeri*，屬名*Gentiana*（龍膽屬）是發現該植物藥效的古羅馬博物學者老普林尼根據西元前約500年的伊利里亞國國王格恩堤烏斯（Gentius）命名。種小名是「粗糙」的意思。和名rindo源自漢名「龍澹」的轉音，後寫成「龍膽」。在中國最早的本草書籍《神農本草經》裡記載該植物味苦澀，漢名以傳說中的動物「龍」之「膽」來表達可比動物膽囊之苦的特性。以根入藥，是為「龍膽」，可為健胃藥，用於改善食欲不振和消化不良等症狀。從秋日孤寂綻放的模樣衍生出「愛著悲傷的你」和「寂寞愛情」的花語。

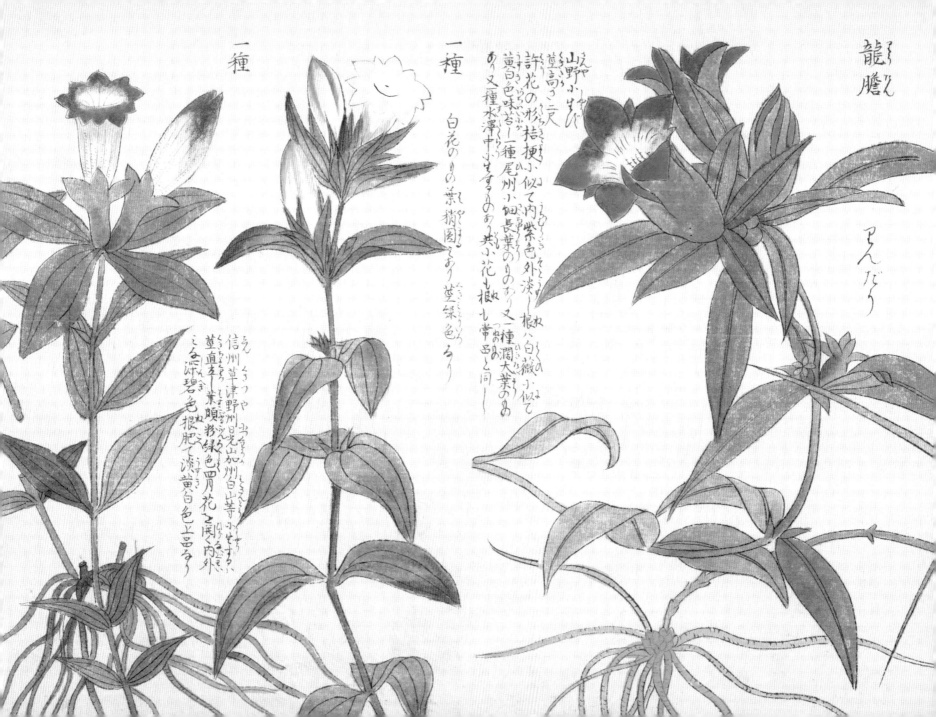

龍膽

りんだう

一種　一種

山野小生ず
茎高さ二尺
許花の形桔梗に似て内紫色外淡し根ハ白薇小に似て
黄白色味苦し一種尾州小細長葉のあり又一種水澤中に小生ずるものあり共小花も根も常山と同じ
又一種水澤中に小生ずるものあり共小花も根も常山と同じ

白花のもの薬捕圓にあり茎緑色なり

信州草津野州日光山加州白山等に小生ず
茎直立て一葉頭形緑色四月花之開く内外
こる深碧色根肥て淡黄白色上品なり

輪葉沙蔘

Japanese lady bell

釣鐘人蔘
Tsuriganeninjin

釣鐘草
Tsuriganeso

風鈴草
Furinso

沙蔘
Shajin

分布在日本和庫頁島，桔梗科多年生草本。學名*Adenophora triphylla*。晚夏到初秋之際在莖頂抽出圓錐花序，開滿藍紫色鐘狀花，開口朝下。和名「釣鐘人蔘」取自花像掛鐘，根似高麗人蔘。又從花的形狀衍生出「釣鐘草」和「風鈴草」等別名，有時也用其他桔梗科植物的名字來稱呼之。春天採集到的釣鐘人蔘嫩葉，名「止止岐」（totoki），自古即是受人喜愛的山菜，在日本有首民謠寫到：山之美味在朮[①]和止止岐，鄉間美味在瓜和茄子，連要給媳婦都捨不得。以乾燥根入藥，是為「南沙蔘」，用於止咳化痰。從摘取美味的嫩葉以及用做藥材之根部的模樣，花語除了「致力完成使命」，還有「溫柔的愛」、「感謝」與「誠實」等含意。

①學名*Atractylodes japonica*，菊科蒼朮屬多年生草本，中文叫關蒼朮。

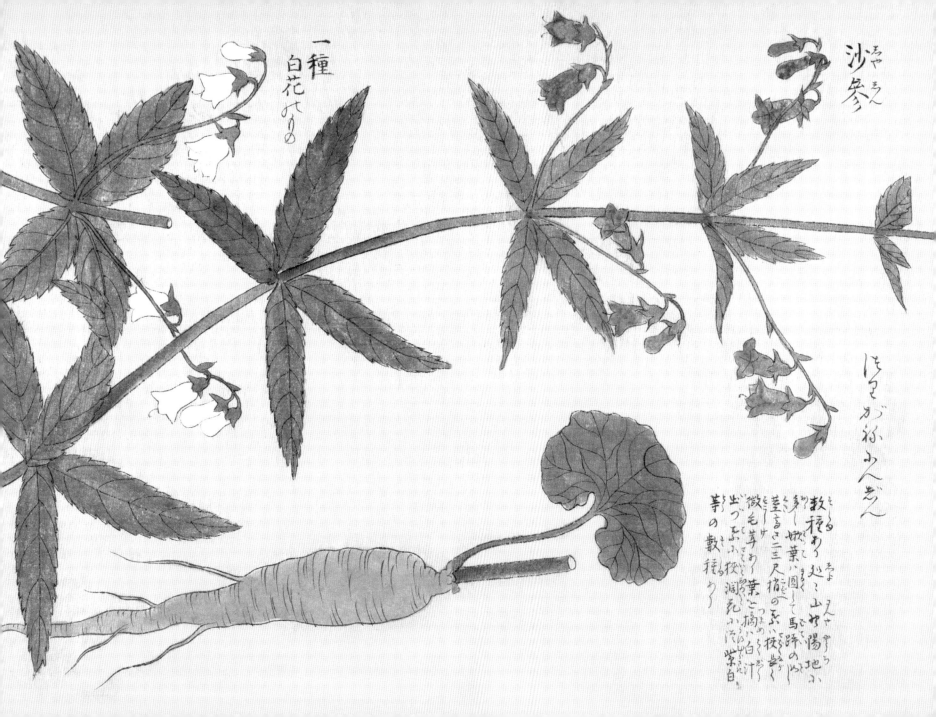

沙参
しゃじん

一種
白花あり

ほたがねふんぎん

救稜する處々山や陽地ふ多く
小枝多しあふして馬蹄の
莖高さ三尺指の
微毛茎あり葉
出づふ枝溷乱
莖の救稜る

桂花

Fragrant olive

木犀
Mokusei

桂花
Keika

中國原產，木犀科常綠喬木或灌木。學名 *Osmanthus fragrans*，屬名 *Osmanthus*（木犀屬）是希臘語osme（芳香）與anthos（花）的結合，意指「飄香的花」。種小名也有「帶芳香」的意思。在日本，「木犀」是丹桂、桂花和金桂的總稱[1]，花的顏色依序為黃褐色、白色和黃綠色。和名mokusei取自漢名「木犀」的讀音，因樹皮看起來像犀牛皮，所以取名「木犀」。飲用乾燥後的落花浸泡的桂花酒可健胃，對緩解低血壓和失眠亦有效用。在中國，桂花也拿來釀成桂花陳酒或做成果醬，能同時享受其清香和美味。小巧的花表「初戀」和「人品高潔」。

---

[1]丹桂，學名*O. fragrans* var. *aurantiacus*（日文稱金木犀）。桂花，學名*O.fragrans* var. *fragrans*（銀木犀）。金桂，學名*O. fragrans* var. *thunbergii*（薄黃木犀）。金桂與丹桂皆被定位成桂花的變種，花朵亦散發出類似的強烈芳香。

きんもくせい

きんもくせい

枸杞

Chinese desert-thorn

枸杞

Kuko

魚枸杞

Oniguko

沼美久須利

Numigusuri

廣泛分布於歐亞地區，茄科落葉灌木。學名*Lycium chinense*，屬名*Lycium*（枸杞屬）是源自古希臘語lykion，用以指稱一些有刺的灌木。和名kuko取自漢名「枸杞」的讀音，「枸」表像枸橘[1]的棘，「杞」表長得像杞柳的莖。平安時代時從中國傳到日本，在貴族之間被視為珍貴的長生不老之藥，爾後流傳到民間，成為民俗用藥之一。以葉和根皮入藥，是為「枸杞葉」和「地骨皮」，前者用以預防動脈硬化和高血壓，後者具滋養強壯、解熱和消炎的效用。熟果稱「枸杞子」，用於滋補、治療失眠和低血壓症狀。花語有「誠實」和「忘記彼此」等。

[1]學名*Poncirus trifoliata*，芸香科枳屬的落葉灌木或小喬木，又名枳殼。

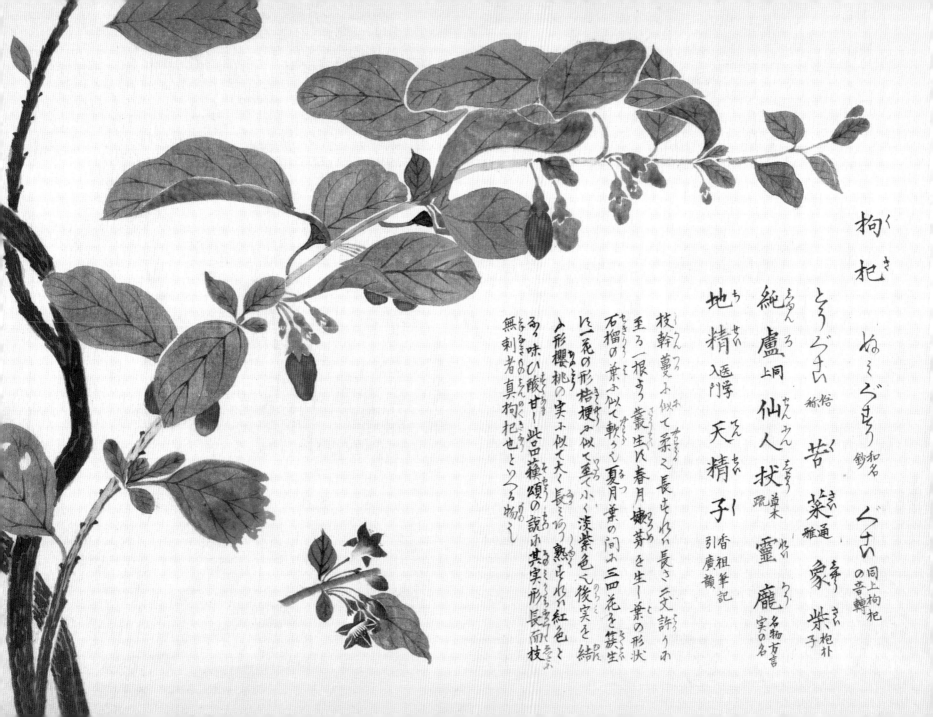

枸杞〔くこ〕

くこ　ぬるぐみ　ぐみ〔同上枸杞の音轉〕

とうぐみ　苦菜〔雅通〕　象〔枸朴〕　紫子
純盧〔同上〕　仙人杖〔俗〕　靈　龐〔草木蔬〕〔名物方言実の名〕
地精〔入医学門〕　天精子〔香祖筆記引廣嶺〕

枝幹蔓ふ似て柔之長されい長さ受許りわ
至る一根よう叢生に春月嫩芽を生し葉の形状
石榴の葉ふ似て軟かも夏月葉の間み三四花を簇生
に一花の形桔梗み似て尖て小く淡紫色と後実を結
ふ形櫻桃の実ふ似て大く長きもの熟されい紅色と
ひ味ひ酸甘し此品藥頌の説み其実形長而枝
無刺者真枸杞也とつら物し

甘藷

Sweet potato

薩摩芋
Satsumaimo

唐芋
Karaimo

八里
Hachiri

十三里
Jyusanri

中美洲原產，旋花科多年生草本。學名*Ipomoea batatas*。人工栽種可溯及西元前3000年以前，後由哥倫布從美洲帶回歐洲，隨葡萄牙船隻來到菲律賓呂宋島之後傳到中國，經琉球在以薩摩為首的日本九州地方登陸，其傳播路徑也為該植物帶來「薩摩芋、唐芋、琉球芋」等日語稱呼。又因甜度勝過一般蔬果的關係，除了「甘藷」，因味道近似栗子（kuri，音同「九里」），在近畿一帶叫「八里」，在江戶則取勝過栗子之意的「十三里」[1]來稱之。江戶時代裡在青木昆陽的進言下，八代將軍德川吉宗鼓勵栽種，進而推廣到全國。甘藷有豐富的膳食纖維，能整腸，改善便祕，也可做為蒸餾酒的原料。

---

[1]「九里四里（栗より）うまい十三里」。

一種
えちうり
前肥

木瓜

Chinese quince

榠樝
Karin・Meisa

唐梨
Karanashi

安蘭樹
Anranjyu

中國原產，薔薇科落葉喬木或小喬木。學名*Chaenomeles sinensis*。據傳是在江戶時代從中國傳到日本，在中國的藥用歷史已有2000年之久，現在也成了庭園和盆栽的觀賞用植物。和名karin源自木紋類似豆科的花櫚（karin）。春天開淡紅色花，秋天結香氣濃厚的橢圓形果實，因果肉硬實帶有強烈的酸味和苦味，不適合生吃[1]，多以砂糖醃漬後食用或釀成水果酒，後者還具有止咳的功效。此外，熟果經汆燙乾燥後可入藥，是為「木瓜」，同樣用於止咳化痰、治療喉嚨痛等。木瓜的木質堅硬，帶有美麗的光澤，廣泛用做地板、家具、畫框、雕刻和小提琴的弓等材質。花語為「豐富美麗」和「優雅」。

[1]現今常當作水果的木瓜是番木瓜（*Carica papaya*）。

石榴

Pomegranate

石榴
Zakuro

若榴
Jakuro

色玉
Irodama

原產於伊朗、阿富汗和巴基斯坦，千屈菜科落葉小喬木。學名*Punica granatum*。屬名*Punica*（安石榴屬）取自把該植物帶到歐洲的迦太基人之拉丁文名Punicus[①]。漢名「石榴」出於種子看起來像光滑的寶石（瑠）。和名zakuro是從漢名jakuro的發音轉變而來。據傳古埃及人用石榴的果皮治療咯血，根和樹皮用以驅蟲，以果汁釀酒，葉子則做成項鍊裝飾品等。在圖坦卡門的墳墓裡有石榴形狀的壺出土。不僅是希臘神話，石榴也在佛經裡登場，是鬼子母神喜歡的食物。石榴有很多種子，被視為生命泉源與豐饒的象徵。循希臘神話冥界女王普西芬妮的故事，花語有「愚蠢」，另有「成熟優雅」和「自尊心」等意思。

[①]也有說法是其為 mālum pūnicum的縮寫（pomegranate，迦太基的蘋果）。

石榴あり

火石榴
集解

百藥
花

千葉紅榴
府志

千葉みを紅色
實を結ばん

Winter

水仙

Narcissus tazetta

水仙
Suisen

雅客
Gakaku

雪中花
Secchuka

原產於地中海沿岸，是石蒜科多年生草本[1]。學名*Narcissus tazetta*，屬名*Narcissus*（水仙屬）源自希臘語，有「使之麻痺」的意思，出於希臘神話的美少年那西塞斯（Narcissus）之名[2]。由於《萬葉集》和《源氏物語》等古籍均未提及水仙，應是在平安時代晚期傳到日本，但仍有待考證。和名suisen取自漢名「水仙」的讀音。至於「水仙」的由來，有因為生長在水邊，生命像神仙一樣長，又或源自「水中之仙」等說法。在室町時代的《下學集》裡可見「漢名水仙華，和名雪中花」的記載，到了江戶時代省略「華」字成了「水仙」。花語有「孤芳自賞」和「自戀」等含意，出於那西塞斯因迷戀自己在水中的倒影，為無法成真的單戀而死去的神話。

---

[1] 右頁左方兩種為歐洲引進的園藝栽培品系。

[2] 至少到16世紀，當時的Narcissus（narkissos）都還不是指今日的水仙屬植物。Narcissus這個屬名被發表於1753年，但語源難以考證。

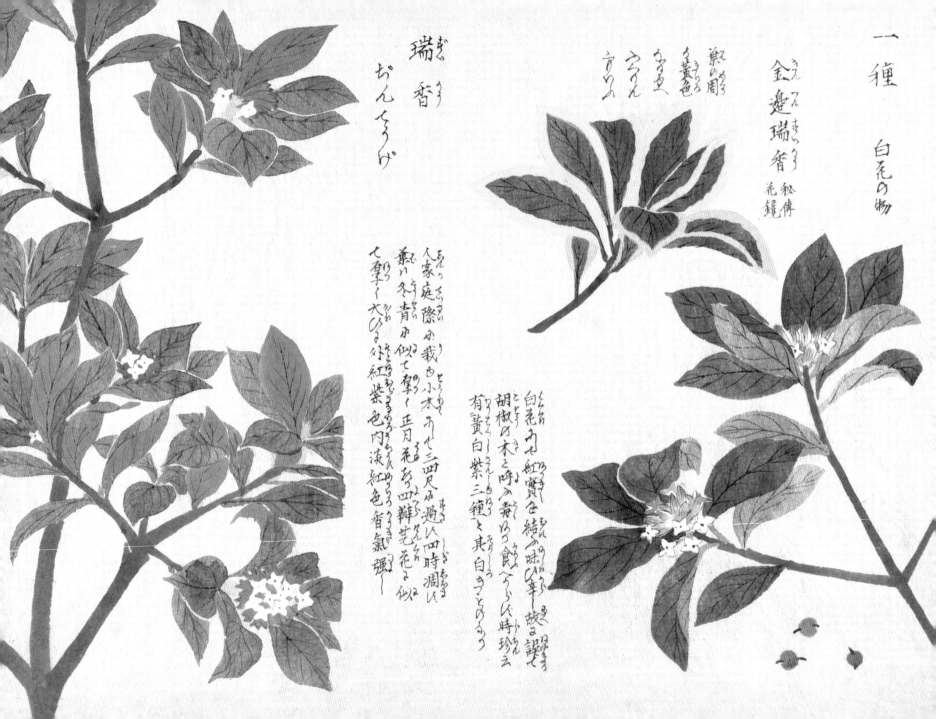

一種　白花の物

金邊瑞香　秘傳
　　　　　花鏡

瑞香
ぢんてうげ

白花にも紅實を結び其味ひ辛く誤て
胡椒の木と呼ぶ妄り食べからず時珍云
有黄白紫三種と其白きものゝうち

人家庭際に栽ゑ小木なれて三四尺に過ぎ四時凋けず
藥い冬青に似て藥く正月花を開く四瓣苍花に似たり
七聖く犬ぴる外紅紫色内淡紅色香氣強し

瑞香

Winter daphne

沈丁花
Jinchoge

千里香
Senriko

瑞香
Zuiko

丁字草
Chojigusa

中國原產，瑞香科常綠灌木。學名*Daphne odora*，屬名*Daphne*（瑞香屬）出於希臘神話裡變成月桂樹的精靈達芙妮（Daphne）之名，而*daphne*同時也是月桂樹的拉丁古名。種小名*odora*意指「帶有芳香」。花的特色在於內白外紫紅，香清氣遠。在室町時代為取其根入藥而傳來日本，藉知名香料「沉香」和「丁香」喻其花香而取和名「沈丁花」。漢名「瑞香」取自祥瑞的香氣，別名「千里香」表花香傳千里。在日本，瑞香和山黃梔、丹桂（參見P.117、P.182）並稱三大香木。花曬乾後煎飲或泡水漱口，可用於感冒引起的喉嚨痛。從含苞待放到花謝為止始終一副青澀嬌羞的模樣，為瑞香帶來「長生不老」和「永遠」的花語。

佛手柑

Buddha's hand citron

佛手柑

Busshukan

可能起源於中國或印度東北，芸香科常綠灌木或小喬木。學名*Citrus medica* var. *sarcodactylis*。在中國自古即栽種來食用與藥用。因不耐寒，多種植於溫暖的地帶。據傳在江戶時代初期傳到日本，花朵飄香，除了觀賞用也拿來當作插花的素材。初夏開五瓣的白色花，冬天柑果成熟後表面轉橙黃色。佛手柑被認為是枸櫞[1]的變種，後者於西元元年前後傳到歐洲，跟檸檬一樣是料理和製菓用的香料。佛手柑果實長相奇特，果皮極厚，在前端形成5～10根手指狀分裂，果肉細小，無種子。和名busshukan源自漢名的「佛手柑」，從果實狀似佛像的手指而來。

---

[1]學名*Citrus medica*，芸香科柑橘屬的常綠小喬木或灌木。果實粗厚帶芳香，又名「香櫞」。

佛手柑 名釈 てぶしゆかん

佛爪香圓 通志

飛穰 雅通 八閩

樹葉前條と同じく唯此物嫩
葉紫色を帯るを以て別とす
唯其實蔕八枳榖の如く中程
夾より裂分れて十餘許に屈
曲して人の手爪似たり肉白色
ふして核なし

酸橙

Sour orange

橙・大大・代代

Daidai

回青橙

Kaiseito

臭橙

Kabusu

起源於喜馬拉雅地區，芸香科常綠小喬木。學名*Citrus × daidai*，屬名*Citrus*（柑橘屬）是檸檬的拉丁古名，種小名*aurantium*表「橙黃色」。從遠古時代就已傳到日本，關於和名daidai的由來流傳著諸多說法，其一是果實在同類中屬較大的關係而被稱為「大大」，另有果實成熟後仍久懸不掉，於隔年夏天再度轉回綠色，形成新舊果實同掛枝頭的現象，待入秋後共轉橙色，循此習性而取名「代代」。由於果實在過冬後仍懸掛枝頭，加上「代代繁榮」的雙關語，酸橙在日本也成了正月時象徵吉祥的擺飾品。果實酸中帶苦，不宜生吃，經常加工做成果醋、藥材和健胃藥等。果汁可用來外敷皮膚皸裂或因皸裂引起的發炎症狀。花語有「寬大」和「慈愛」。

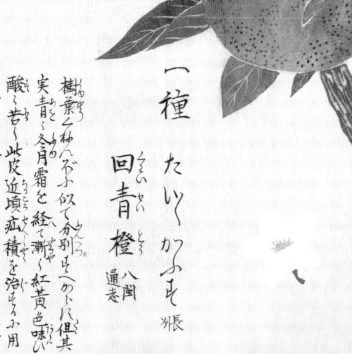

橙 <ruby>橙<rt>とう</rt></ruby>

らへんが

振 <ruby>振<rt>とう</rt></ruby> 群芳譜

蜜橙 <ruby>蜜橙<rt>みつとう</rt></ruby> 花鏡秘傳

樹高大ふして葉ハ柚の
如く大小本ふ小葉をふ
枝間小刺あり花まく
柚ふ似て大く実ハ雲州
たちゑふゑ似て肌蜜
ふくて類く榖液少く
味ひ甘く香氣あり

一種
たいかふも 猴

回青橙 <ruby>回青橙<rt>とうとう</rt></ruby> 八閩通志

樹葉ハ柚へぶ似て分別ひくかふ尺倶其
実ハ青く冬月霜を経て漸く紅黄色味い
酸く苦く此皮近頃疝積を治すふ小用
ゐ冬月紅色多実春ふ至り緑色ふ変
冬又紅色小至ル年を経るゆへたいゝと云

蠟梅

Wintersweet

蠟梅
Robai

唐梅
Karaume

南京梅
Nankinume

黃梅香
Kobaika

原產於中國，蠟梅科落葉灌木。學名*Chimonanthus praecox*，屬名*Chimonanthus*（蠟梅屬）源自希臘語cheirnon（冬天）和anthos（花）的結合。種小名praecox意指「早開的」。淡黃色的花朵中央帶有紅褐色調，低垂綻放，芳香甚烈。在中國，與梅花、水仙和山茶並稱雪中四友。於17世紀初期後水尾天皇時代傳到日本，到了18世紀中期從中國和日本出口至英國，以wintersweet之名獲得高人氣。和名robai取自漢名「蠟梅」的讀音，又稱「黃梅花」，出於《本草綱目》的記述：「此物本非梅類，因其與梅同時，香又相近，色似蜜蠟，故得此名」。因在農曆十二月的臘月盛開，也稱為「臘梅」。花語表「懷舊之情」和「充滿慈愛的人」。

形状次の物と同じ此品時珍の説の狗蠅梅なり

野慈姑

Threeleaf arrowhead

慈姑・久和為
Kuwai

白慈姑
Suishikaido

烏芋
Nemuribana

廣泛分布於中亞至遠東地區到東南亞，澤瀉科多年生挺水草本。學名*Sagittaria trifolia*，屬名*Sagittaria*（慈姑屬）源自sagitta（箭），取自葉子的形狀。據說和名kuwai也是出於葉子形狀看起來像鍬（kuwa），從kuwaimo（鍬芋）簡稱為kuwai。漢名「慈姑」出於其球莖產生的走莖末端生的小球莖，看似慈母給孩子哺乳的模樣，故得此名。自古從中國傳到日本，從平安時代起便已進行人工栽種。該植物雖然廣泛分布在亞洲、歐洲和美洲的溫帶與熱帶地區，食其塊莖的只有中國和日本。在日本通常用來燉煮或是拿來炸天婦羅，富含具整腸作用的膳食纖維，亦可預防高血壓和動脈硬化。從球莖抽出芽的樣子，象徵「熬出頭」和「恭喜」（寫做「芽出度」），是正月討吉利的食材。花語表「好兆頭」。

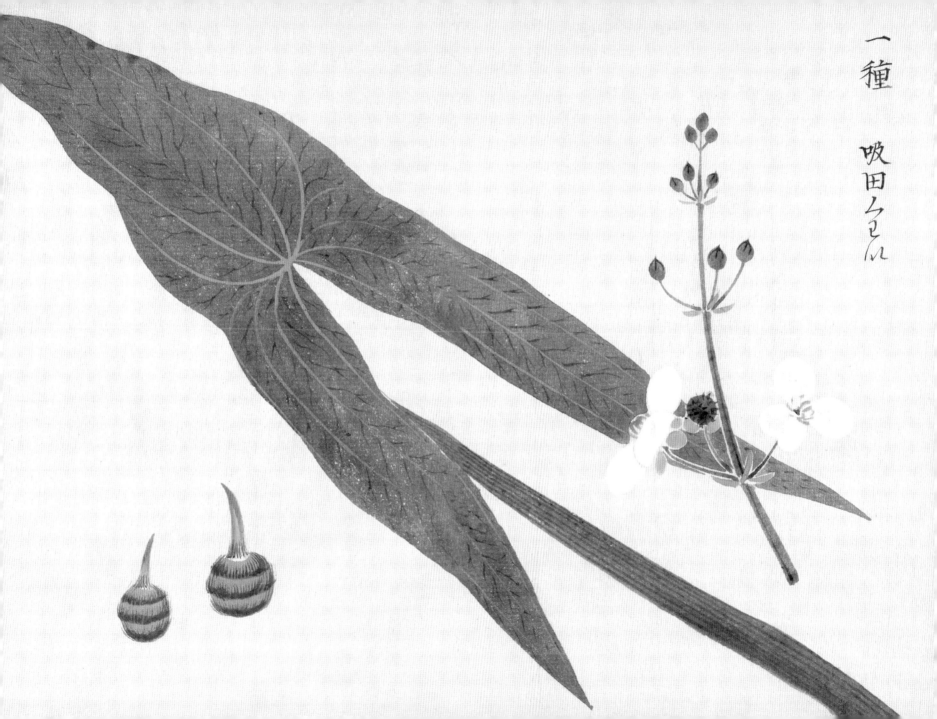

一種

吹田ムもし

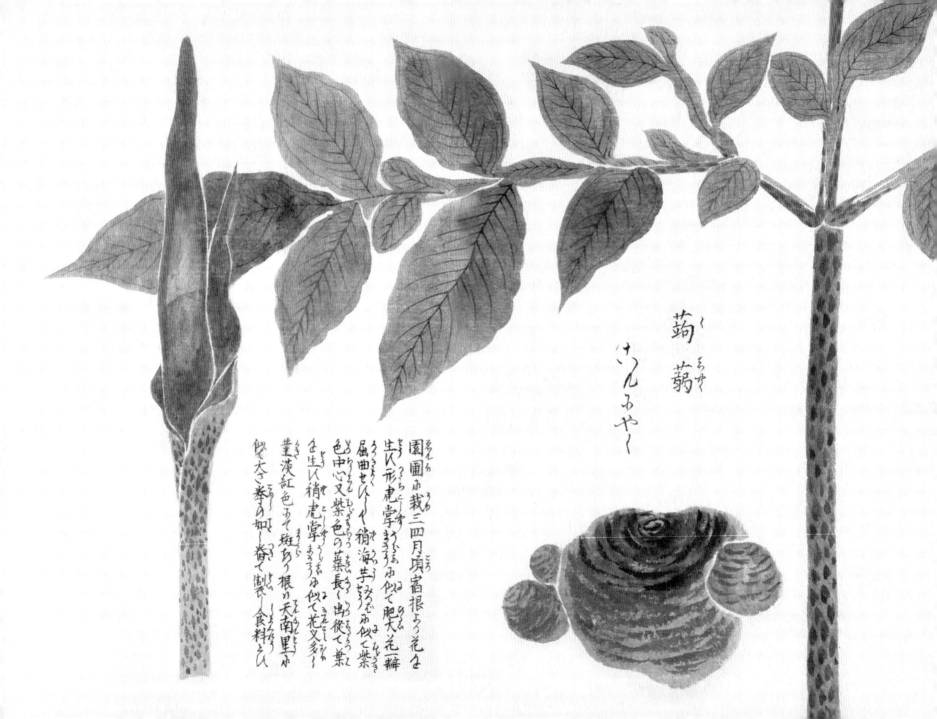

蒟蒻
こんにゃく

園圃に栽ゑ三四月頃云々根より花を
生じ形虎掌まうせんに似て肥大花一瓣
屈曲せんく稍海芋まうせんに似て紫
色中心又紫色の蕋長く出從て葉
を生じ稍虎掌まうせんに似て花莖多く
董濃紅色あって斑あり根り天南里よ
似て大さ拳の如く巻て製し食料とし

蒟蒻

Devil's tongue

蒟蒻
Konnyaku

蒟蒻芋
Koniyakuimo

古爾也久
Koniyaku

原產於東亞至東南亞，天南星科多年生草本。學名*Amorphophallus konjac*，屬名*Amorphophallus*（蒟蒻屬）出自amorphos（奇形怪狀的）和phallos（陰莖）。莖的頂端會先開花再長葉子，花朵散發腐臭的味道。塊莖的用途很廣，據傳日本為了取之入藥，從中國經朝鮮引進。但也有在繩文時代傳到日本的說法。一般認為和名konnyaku的語源出自《本草和名》與《和名抄》裡「古爾也久（koniyaku）」和「蒟蒻（konnyaku）」的記載。藥方名稱也叫「蒟蒻」，用於止咳，亦可製成漱口用藥水。又，塊莖磨成粉加入石灰，變硬之後就成了食用的蒟蒻，低熱量的特性對肥胖或飲食過量引起的糖尿病和動脈硬化患者而言，是很好的食療食材。

百兩金

Ardisia crispa

唐橘
Karatachibana

橘
Tachibana

橙橘
Daidaitachibana

百兩金
Hyakuryokin

分布在日本關東南部以西、台灣和中國的溫帶到亞熱帶地區，紫金牛科常綠灌木。學名*Ardisia crispa*，屬名*Ardisia*（紫金牛屬）源自aris（矛尖）。開白色小花，結紅色果實，在眾多的園藝品種當中也有結白色、黃色和桃色果實的。和名源自帶紅色（aka）的果實，名akaratachibana，後簡略成karatachibana。在日本，百兩金和金粟蘭科的紅果金粟蘭，以及紫金牛科的硃砂根是祈願生意興隆的幸運樹。雖然分屬不同植物，因外觀相似，在江戶時代常被混為一談。據說漢名「百兩金」的「百兩」連帶影響紅果金粟蘭的和名寫成「千兩」[1]，而果實多於「千兩」的硃砂根也就成了「萬兩」[2]。

①古時作「仙蓼」，唸成senryou。

②manryou的稱呼始於18世紀初，原寫做「萬龍、萬里、萬量」等。

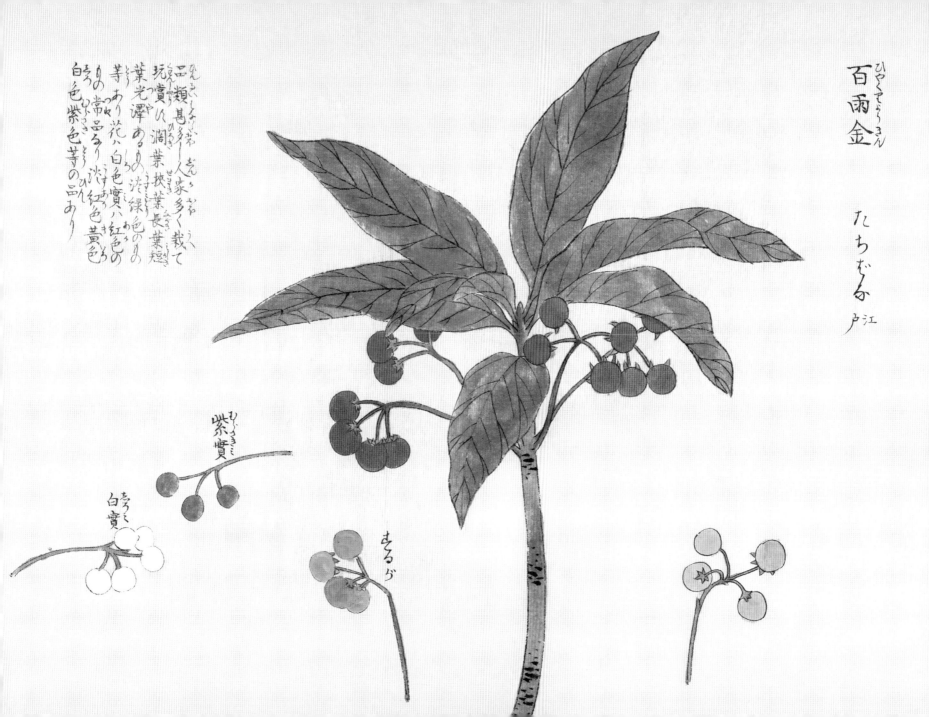

百雨金
ひやくりやうきん

たちむる
江戸

紫實
むらさきみ

白實
しろみ

まるみ

南天竹

Sacred bamboo

南天
Nanten

南天燭
Nantenshoku

蘭天
Ranten

南天竹
Nantenchiku

分布在中國和日本中部以南之本州、四國與九州，小蘗科常綠灌木。學名*Nandina domestica*，屬名*Nandina*（南天竹屬）即和名的nanten，種小名domestica是「生長於當地」的意思。白色小花在枝端形成大型圓錐花序，葉子在秋冬過渡之際轉成美麗的紅色，結艷紅如珠的果實。自古即從中國傳到日本，和名nanten取自漢名的「南天竹、南天燭、南天竺」的「南天」，又發音跟轉難為福的「難轉」（nanten）相同，因而被視為除厄的幸運樹，用以祈願安產或在武士出陣前裝飾於壁龕以求勝利。在桃山時代是插花的材料，到了江戶時代成了一般庭院樹，並衍生出多個園藝品種。以葉入藥者，名「南天竹葉」，用於治療扁桃腺炎；以果實入藥者名「南天竹子」，具止咳的效用。花語表「美好的家庭」和「我的愛只增不減」。

南燭
なんしょく

參考文獻

園芸植物名の由来（中村 浩 著／東京書籍）

園芸の達人 本草学者・岩崎灌園（平野 恵 著／平凡社）

基本 ハーブの事典（北野 佐久子 編集／東京堂出版）

現代いけばな花材事典（勅使河原 宏・大場秀章・清水晶子 監修／草月出版）

講談社 園芸大百科事典（講談社）

四季の花事典（麓 次郎 著／八坂書房）

自分で採れる薬になる植物図鑑（増田和夫 監修／柏書房）

植物ことわざ事典（足田輝一 編集／東京堂出版）

植物の名前の話（前川文夫 著／八坂書房）

植物和名語源新考（深津 正 著／八坂書房）

神農さんの森の樹木─森の木たちの生薬図鑑
　　（谷田貝 光克・谷本丈夫・小根山 隆祥・杉山明子 著／フレグランスジャーナル社）

神農本草経の植物（小根山 隆祥・佐藤知嗣・飛奈良治 著／たにぐち書店）

図説 草木名彙辞典（木村 陽二郎 監修／柏書房）

図説 花と樹の事典（木村 陽二郎 監修／植物文化研究会 編集／柏書房）

世界大百科事典（平凡社）

誕生花 366 の花言葉（高木 誠 監修／大泉書店）

誕生花事典 366 日（植松 黎 著／角川文庫）

日本野菜ソムリエ協会公式 体を整える野菜事典
　　（日本野菜ソムリエ協会 監修／宝島社）

花ことば─花の象徴とフォークロア（春山行夫 著／平凡社）

花言葉・花事典（フルール・フルール 編集／池田書店）

花ごよみ 365（八坂書房）

花図鑑 樹木（伊丹 清 監修／草土出版）

花図鑑 鉢花（草土出版編集部 編纂／草土出版）

花図鑑 野菜（内田正宏・芦沢正和 監修／草土出版）

花と日本人（中野 進 著／花伝社）

花と花ことば辞典─原産地・花期・物語・生薬付（伊宮 伶 著／新典社）

花の名物語 100（ダイアナ ウェルズ・イッピー パターソン 著／大修館書店）

牧野新日本植物図鑑（牧野 富太郎 著／北隆館）

薬草の博物誌 森野旧薬園と江戸の植物図譜
　　（佐野由佳・髙橋京子・水上 元・金原宏行 著／LIXIL 出版）

ヤマケイ文庫 野草の名前 春・夏・秋冬（高橋勝雄 著／山と渓谷社）

收錄圖版
轉載自日本國立國會圖書館數位典藏
之《本草圖譜》。本書刊載之圖像經
色調補正與圖像結合等加工處理。

江戶百花譜

日本最早彩色植物圖鑑精選集

美し、をかし、和名由来の江戶花図鑑

作者	田島一彥
翻譯	陳芬芳
審訂	林哲緯
責任編輯	張芝瑜
美術設計	郭家振
行銷業務	謝宜瑾

發行人　何飛鵬
事業群總經理　李淑霞
副社長　林佳育
主編　葉承享
出版　城邦文化事業股份有限公司 麥浩斯出版
E-mail　cs@myhomelife.com.tw
地址　104 台北市中山區民生東路二段 141 號 6 樓
電話　02-2500-7578
發行　英屬蓋曼群島商家庭傳媒股份有限公司城邦分公司
地址　104 台北市中山區民生東路二段 141 號 6 樓
讀者服務專線　0800-020-299（09:30～12:00; 13:30～17:00）
讀者服務傳真　02-2517-0999
讀者服務信箱　Email: csc@cite.com.tw
劃撥帳號　1983-3516
劃撥戶名　英屬蓋曼群島商家庭傳媒股份有限公司城邦分公司
香港發行　城邦（香港）出版集團有限公司
地址　香港灣仔駱克道 193 號東超商業中心 1 樓
電話　852-2508-6231
傳真　852-2578-9337
馬新發行　城邦（馬新）出版集團 Cite（M）Sdn. Bhd.
地址　41, Jalan Radin Anum, Bandar Baru Sri Petaling, 57000 Kuala Lumpur, Malaysia.
電話　603-90578822
傳真　603-90576622

國家圖書館出版品預行編目 (CIP) 資料

江戶百花譜：日本最早彩色植物圖鑑精選集 / 田島一彥作；陳芬芳譯. -- 初版. -- 臺北市：城邦文化事業股份有限公司麥浩斯出版：英屬蓋曼群島商家庭傳媒股份有限公司城邦分公司發行, 2021.04
　面；　公分
譯自：美し、をかし、和名由来の江戶花図鑑
ISBN 978-986-408-665-8（精裝）

1. 花卉 2. 植物圖鑑 3. 日本

435.4025　　　　　　　　　　110004637

總經銷　聯合發行股份有限公司
電話　02-29178022
傳真　02-29156275

製版印刷　凱林彩印股份有限公司
定價　新台幣 750 元／港幣 250 元
2021 年 04 月初版一刷・Printed In Taiwan
版權所有・翻印必究（缺頁或破損請寄回更換）
ISBN　978-986-408-665-8

Original Japanese Edition Creative Staff:
Author, Art Director: Kazuhiko Tajima
Designer: Kishiko Omi
Editor: Keiko Kinefuchi, Mikako Yamaguchi
Originally published in Japan by PIE International
Under the title 美し、をかし、和名由来の江戶花図鑑
(*Flowers of Edo: A Guide to Classical Japanese Flowers*)
©2019 PIE International
Complex Chinese translation rights arranged through Bardon-Chinese Media Agency, Taiwan
All rights reserved. No part of this publication may be reproduced in any form or by any means, graphic, electronic or mechanical, including photocopying and recording by an information storage and retrieval system, without permission in writing from the publisher.

PIE PIE International